TOPOGRAPHIE, HISTOIRE,
STATISTIQUE MÉDICALES

DE

L'ARRONDISSEMENT DE VOUZIERS

(ARDENNES)

PAR

Charles GUELLIOT,

Docteur en médecine de la Faculté de Paris.

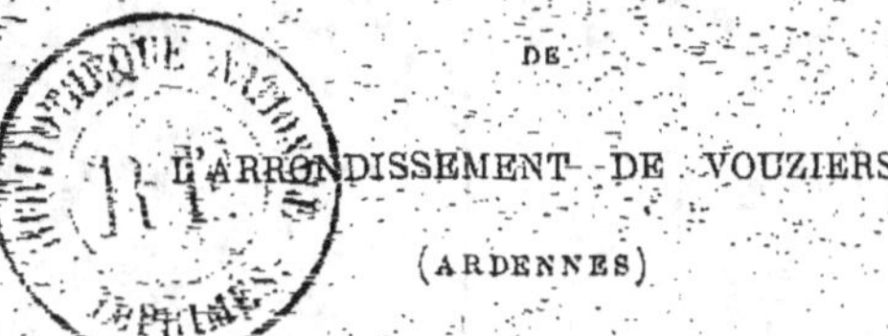

PARIS

V. A. DELAHAYE ET Cᵉ, LIBRAIRES ÉDITEURS

PLACE DE L'ÉCOLE-DE-MÉDECINE

1877

TOPOGRAPHIE, HISTOIRE, STATISTIQUE

MÉDICALES

DE L'ARRONDISSEMENT DE VOUZIERS

(ARDENNES)

TOPOGRAPHIE, HISTOIRE,
STATISTIQUE MÉDICALES

DE

L'ARRONDISSEMENT DE VOUZIERS

(ARDENNES)

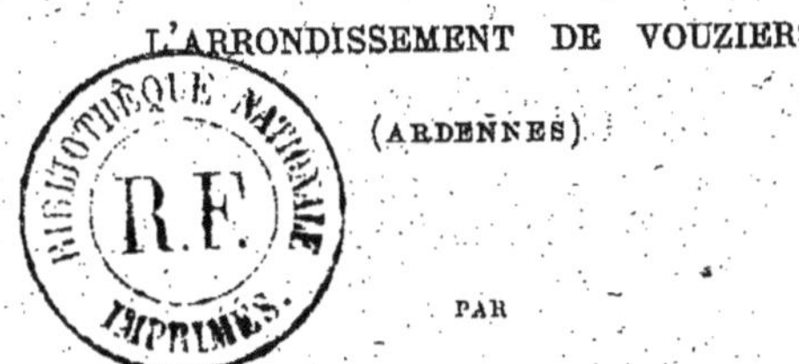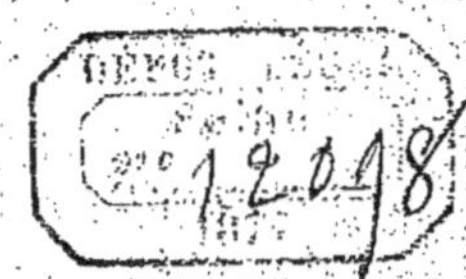

PAR

Charles GUELLIOT,

Docteur en médecine de la Faculté de Paris.

❖

PARIS

V. A. DELAHAYE ET C°, LIBRAIRES ÉDITEURS

PLACE DE L'ÉCOLE-DE-MÉDECINE

1877

TOPOGRAPHIE, HISTOIRE, STATISTIQUE

MÉDICALES

DE L'ARRONDISSEMENT DE VOUZIERS

(ARDENNES)

AVANT-PROPOS.

Un médecin, dit Hippocrate, doit étudier : 1° les saisons dans leurs révolutions régulières et dans les vicissitudes ou intempéries que chacune d'elles peut éprouver pendant son cours ; 2° les vents particuliers à la contrée ; 3° les eaux ; 4° la situation de la ville dans laquelle il vient exercer pour la première fois ; 5° le régime des individus qu'il aura à soigner ; et par régime, il faut entendre non-seulement les aliments, mais le genre de vie tout entier.

C'est cette recommandation du père de la médecine qui

fit naître en moi l'idée d'une *Topographie médicale de l'arrondissement de Vouziers*. N'est-il pas bien agréable et en même temps bien utile pour le médecin de savoir quels sont ceux qu'il va être appelé à soulager, de connaître leur constitution, leur genre de vie, leurs habitudes, les maladies auxquelles ils sont sujets? Ne seront-ce pas là des connaissances précieuses pour le praticien lorsqu'il voudra conseiller avec fruit à ses clients les réformes si considérables qu'il reste à faire dans nos campagnes? Ne sait-on pas en effet qu'un grand nombre de maladies tiennent à la nature du climat, à l'air qu'on respire, aux qualités de la terre et des eaux et à celles des boissons et des aliments, à l'influence des vents et des saisons, aux tempéraments, à la richesse des populations, à la race?

« De même, dit Boudin, que chaque pays possède son règne végétal, son règne animal, de même il possède aussi son règne pathologique. Divers pays se font remarquer par l'absence de certaines maladies, certaines maladies se montrent plus particuliérement sur certains terrains. »

C'est donc en lisant le premier traité de topographie médicale : *Des airs, des eaux, des lieux*, en parcourant les Mémoires de la Société royale de médecine (1776) qui conseille aux jeunes médecins de faire des topographies médicales, que, frappé de la justesse de cet adage des Hollandais : « Quand tu arrives dans un pays nouveau,

plonge ton doigt dans le sol et goûte quelle en est la sa-
veur », j'entrepris immédiatement l'étude de mes con-
citoyens, pensant que peut-être je pourrais leur être de
quelque utilité.

Toutefois, avant de commencer, qu'il me soit permis
d'implorer l'indulgence du lecteur. Aucun travail n'avait
été fait sur l'arrondissement de Vouziers (1), et je suis
entièrement responsable de tout ce que j'avance. Je n'ai
pu que mettre à contribution l'expérience de mes futurs
confrères, et, chaque fois que j'en aurai l'occasion, je signalerai la source à laquelle j'ai puisé mes renseignements.

PLAN.

Dans une *première partie*, j'étudierai la *Topographie
médicale*. Dans la *seconde*, la *Physiologie* et l'*Hygiène*.
La *troisième partie* sera consacrée à l'*Etat civil* ; la *quatrième partie* à la *Statistique du recrutement* (taille et cas
de réforme). Dans la *cinquième partie*, je passerai successivement en revue les maladies *épidémiques*, *endémiques*
et *sporadiques*. Enfin dans une *sixième partie*, je dirai un
mot de l'*Organisation médicale*.

(1) Je ne fais d'exception que pour la flore, les analyses des
terrains et celles des eaux : trois sujets qu'il m'était impossible
de traiter moi-même, mais que je tiens de savants en qui je puis
avoir la plus grande confiance

Dans le cours de cette étude, j'ai pensé qu'il serait intéressant de donner une petite place à l'*Histoire*, car, comme le dit Littré, « s'il est vrai qu'il y a une géographie pour la pathologie, il y a aussi une chronologie », et en rappelant ce qu'a été un pays, les changements qui ont été opérés, on juge mieux des améliorations qui ont été faites et des progrès qu'il reste à faire. « Quand on veut étudier la constitution médicale d'un pays, il n'importe pas seulement, dit Celse (*de re medica*), de savoir comment sont les jours présents, mais comment ont été les jours passés (1). »

(1) Nouveau dictionnaire de médecine et de chirurgie pratique. Art. Géographie médicale.

PREMIÈRE PARTIE

TOPOGRAPHIE MÉDICALE

CHAPITRE PREMIER.

RÉGIONS ET LOCALITÉS.

L'arrondissement de Vouziers se trouve compris entre les 49° 35′ 45″ et 49° 14′ de latitude nord, et les 2° 2′ 35″ et 2° 45′ 25′ de longitude à l'est du méridien de Paris.

Ses limites sont : au Nord, les arrondissements de Mézières et de Sedan ; à l'Est, la Meuse ; au Sud, la Marne ; à l'Ouest, l'arrondissement de Rethel.

L'altitude au niveau du pavé qui se trouve en face de l'église de Vouziers est de 109ᵐ 90.

C'est le plus grand arrondissement des Ardennes ; il occupe une superficie de 140 111 hectares. Il est parcouru, disent MM. Meugy et Nivoit, par deux chaînes de montagnes, l'une qui va du Nord-Ouest au Sud-Est, de Vaux-Champagne à Séchault et qui forme les monts de Champagne ; l'autre, qui s'étend de Noirval à Apremont, est presque entièrement couverte de forêts ; entre les deux se trouve la vallée de l'Aisne. L'étendue des forêts ne varie guère, ce qui tient à ce que le défrichement et le reboisement se balancent à peu près, ainsi :

En 1831, il y avait 23068 hectares de bois.
En 1851,   —   24717   —
En 1856,   —   23159   —

La culture du bois est un excellent revenu pour certaines contrées, sur le sol crayeux de la Champagne, par exemple, où les bois de sapins ont depuis quelques années complétement transformé l'aspect général du pays, tout en enrichissant, dit-on, le terrain qu'ils préparent peu à peu à une culture meilleure.

On croit généralement qu'à une époque peu éloignée, les Ardennes étaient entièrement couvertes de bois. Aujourd'hui, il reste encore quelque chose de ce préjugé, et bien des gens qui y mettent le pied pour la première fois sont tout étonnés de n'y trouver ni des hommes demi-sauvages, ni le fameux sanglier des Ardennes. Le pays, je parle de l'arrondissement de Vouziers, a été de tout temps ce qu'il est aujourd'hui, à peu de chose près, Toujours il a eu de riantes prairies le long de la rivière d'Aisne et de ses affluents ; de même qu'une certaine région, privée d'eau, a toujours été desséchée pendant une partie de l'année et ne présente de végétation que grâce au travail considérable des habitants : ce sont là en effet deux contrées bien distinctes à tous les points de vue, Quel contraste pour celui qui arrive de la zône champenoise dans la vallée de l'Aisne ! Dans ces grandes plaines crayeuses et nues « où un gazon troué laisse à chaque instant percer le squelette du sol », tout est factice, tout est fait de la main de l'homme, retirez cette main et tout retombera dans la stérilité et la mort. Ce qui prouve du reste que ce pays a été bien pauvre, c'est que pendant longtemps ses habitants n'ont pas payé autant de contributions

que ceux du Vallage. Dans la vallée, au contraire, la terre
produit pour ainsi dire sans l'homme ; l'homme n'a qu'à
lui demander, ses efforts lui sont immédiatement payés
et elle lui verse ses trésors avec abondance. Comme les
paysages y sont frais et agréables ! quelle admirable végétation ! Et le panorama est d'autant plus délicieux qu'il
se développe inopinément, que la transition est tout à
fait soudaine, lorsque le voyageur qui vient de traverser
la Champagne se trouve en haut de Bourcq et va descendre dans la plaine, comme cela arriva à notre compa-
triote Taine, qui raconte les impressions qu'il ressentait
dans ses voyages à Vouziers, par ce chemin à travers la
craie.

CHAPITRE II.

CLIMAT ET SAISONS.

L'arrondissement de Vouziers est très-éloigné de la
mer, aussi le climat n'y est-il pas uniforme comme sur
le littoral de l'Océan ou de la Méditerrannée. Les changements brusques de température qu'on y observe nui-
sent beaucoup à la végétation, surtout aux arbres fruitiers
et à la vigne. Le printemps est une saison sur laquelle on
ne peut guère compter ; très-souvent, on observe à cette
époque des froids très-vifs remplacés du jour au lendemain par une température élevée. L'automne est, avec la
fin de l'été, la saison la plus agréable ; au mois d'octobre,
on peut espérer généralement une succession de beaux
jours. La neige arrive en même temps que la gelée vers,

la fin de décembre. Souvent, dès février et mars, on a de
beaux jours ; alors le soleil active la végétation, mais plus
il fait beau à cette époque, plus on craint les gelées de
mai qui renversent souvent en une nuit les plus belles es-
pérances. C'est aussi à cette époque que souffle un vent
du Nord-Est des plus froids et des plus dangereux pour
les personnes atteintes d'affections de la poitrine, qui
doivent le redouter, autant que les brouillards épais qui
chaque nuit couvrent la vallée dans les mois de septembre
et d'octobre. C'est à ces deux époques, mais surtout au
printemps, qu'on voit s'éteindre le plus de vieillards. Remarquable par ses brouillards d'abord, ses longues gelées
ensuite, l'hiver cause un grand nombre d'affections du la-
rynx, des bronches et du poumon. L'été est fécond en
maladies des voies digestives : diarrhées, dysentéries, etc.
C'est à ce moment de l'année qu'on voit aussi le plus
d'affections intermittentes, principalement quand l'hiver
ayant été très-humide, la rivière d'Aisne a débordé une
ou plusieurs fois. Dans les mêmes mois, on constate également de nombreux cas de pneumonie chez les moissun-
neurs qui, après une journée brûlante, s'exposent le soir
à un air frais, sans prendre la précaution de changer de
vêtements.

La *température moyenne* semble être de 10° ; mais sur
ce point comme sur l'*ozone*, je n'ai pas pour le moment
d'observations assez complètes. Il est remarquable que
les *orages* sont plus fréquents dans la zone champenoise où le sol, composé d'une épaisseur considérable de
craie, n'est recouvert que d'une mince couche de terre vé-
gétale, tandis qu'ils sont moins fréquents dans la région
occupée par des terrains de formation plus récente, prin-

cipalement par les terrains d'alluvion. Quand un orage éclate à Paris, invariablement le vent tourne à Vouziers au Sud-Ouest, et le lendemain on est à peu près certain d'avoir un orage.

Sur la fréquence des orages dans l'arrondissement de Vouziers, je n'ai encore que des données insuffisantes ; si j'en juge toutefois par les dernières années, je puis dire qu'il y en a de 10 à 12 par an. Quant aux journées de pluie, je crois devoir en évaluer la moyenne annuelle à 150.

CHAPITRE III.

CONSTITUTION DU SOL.

S'il me fallait écrire la géologie de l'arrondissement de Vouziers, je résumerais l'ouvrage de MM. Meugy et Nivoit, mais je ne veux faire ressortir ici que ce qui intéresse plus particulièrement la topographie médicale. Me plaçant à ce point de vue, je diviserai l'arrondissement en deux grandes parties : d'un côté, la *région de la craie*, d'un autre côté, la région plus spécialement désignée dans le pays sous le nom de *Vallage* ; ces deux contrées étant séparées d'ailleurs d'une façon nette par une chaîne de montagnes que j'ai déjà signalée : les *monts de Champagne.*

MM. Meugy et Nivoit ont trouvé dans le Vallage un certain nombre de terrains qu'ils rattachent à plusieurs groupes :

1° *G. Oxfordien.* Il renferme des marnes et des roches siliceuses tendres, dont la partie supérieure est constituée par de l'argile et de la silice souvent très-dures, principalement à Stonne et à Louvergny. C'est là qu'on trouve les altitudes les plus élevées : 300 mètres.

Ce groupe, qui contient des minerais de fer, se rencontre dans la partie septentrionale des cantons de Buzancy et du Chesne.

2° *G. du calcaire corallien.* Ce calcaire blanc-grisâtre, renfermant des empreintes de fossiles et recouvert d'une argile sableuse, occupe par ses affleurements : 3051 hectares du canton de Buzancy, 3370 hectares du canton du Chesne, 1333 de celui de Tourteron.

3° *G. du calcaire à astartes.* Formé de marne et de calcaire où se rencontrent de nombreux coquillages (astartes); ce groupe se voit dans presque toutes les communes des cantons de Buzancy et de Touteron, dans quelques-unes des cantons de Grandpré, du Chesne et d'Attigny. Il est plus rare dans le canton de Vouziers.

4° *G. Kimmeridgien.* Formé de calcaire plus ou moins argileux, il ne se rencontre guère que sur les flancs de la vallée de l'Aire.

5° *G. des sables verts inférieurs.* Ces sables existent partout, si ce n'est dans les cantons de Machault et de Monthois.

6° *G. de la gaize* : dans les cantons de Vouziers et de Grandpré.

7° *G. des sables verts supérieurs*, dont on peut voir un exemple près de Monthois, sur le chemin de Challerange.

8° *G. de la marne crayeuse*. Il forme une zone aux pieds des monts de craie.

9° *G. des terrains d'alluvion*.

La région qu'on désigne plus spécialement dans le pays sous le nom de *Champagne*, est représentée par un seul groupe : la *Craie*.

La craie se voit dans tout le canton de Machault, une partie de celui de Monthois, et quelques communes des cantons de Vouziers et d'Attigny.

Tel est en quelques mots le *sol* de l'arrondissement de Vouziers ; comme je l'ai déjà dit, on y voit deux contrées distinctes : l'une, la *Champagne*, occupée par la craie ; l'autre, le *Vallage*, où l'on rencontre des terrains variés. Par *Vallage*, j'entends donc non-seulement la vallée de l'Aisne, mais celle de l'Aire et même celle de la Bar, ainsi que les pays arrosés par les affluents de ces trois cours d'eau.

La Champagne se compose d'un plateau central élevé et de deux petites vallées : celle de l'Arne et celle de la Retourne. Le Vallage comprend plusieurs grandes vallées séparées les unes des autres par des montagnes couvertes de bois ou de vignes.

CHAPITRE IV.

HYDROGRAPHIE MÉDICALE.

Il existe dans l'arrondissement deux principales nappes d'eau souterraines, la plus importante à la base de la craie, la seconde entre les calcaires coralliens et les marnes oxfordiennes : la craie et le système corallien laissant facilement passer l'eau jusqu'à ce qu'elle soit arrêtée par les marnes ; ce qui explique le desséchement du sol de la Champagne et les nombreuses sources qu'on trouve au pied des monts, depuis Vaux-Champagne jusqu'à Séchault, comme au pied de la falaise qui limite les calcaires coralliens. Une autre nappe moins importante existe à la base de la gaize et fournit les sources des vallées de l'Aisne et de l'Aire. Les eaux se rendent dans deux bassins, celui de la Meuse et celui de l'Aisne. Le principal cours d'eau qui se jette dans la Meuse est la Bar. L'Aisne parcourt l'arrondissement depuis Ivoy jusqu'à Givry, et, dans aucun point, elle ne trouve de digues qui puissent protéger les vallées contre l'invasion de ses eaux. Elle reçoit une trentaine d'affluents, dont le principal est l'Aire qui pénètre dans l'arrondissement à Aprémont.

L'analyse des eaux de l'arrondissement de Vouziers a été faite par M. Cailletet, de Charleville.

(Tableaux I et II.)

L'eau présente des différences selon les terrains où on la prend. Voici par exemple le degré hydrotimétrique de quatre sources du groupe oxfordien (1) :

(1) Meury et Nivoit, loc. cit.

Analyse des cours d'eau de l'Arrondissement de Vouziers.

Cours d'eau.	Titres hydrotimétriques	Acide carbonique libre	Carbonate de magnésie	Chlorure de magnésium	Chlorure de calcium	Sulfate de chaux	Azotate de chaux	Carbonate de chaux	Sels de magnésie indéterminés et sulfate de magnésie	Sels de chaux indéterminés	Substances fixes pour un litre
La Bar	17°50	0,lit00626	0,gr0088	0,0045	0,0228	0,0140	0,0042	0,11845	"		0,17276
L'Aisne (avant son mélange à l'Oise)	14°25	0,00625	0,0066	"	0,04845	0,0175	0,0063	0,0656	"	.	0,14451
L'Aisne (à Vouziers)	16°5	0 0025	.	"	"	"	"	9°75	"	"	.
L'Air	19°	0,00875	0,02860	"	0,02280	0,01050	0,0273	0,991375	"	"	0,18838
Étang de Bairon	16°5	0,005	0,01760	"	0,01710	0,00700	0,071400	0,074875	"	"	0,18777

Titres hydrotimétriques :

Ruisseau d'Avégres (Challerange)	13° 25
———— des Alins (Brécy)	13° 50
———— d'Oligy	17°
———— de St. Lambert	22°
———— de Guincourt	23°5
———— de Foivre	24°
———— de la Loire	29°
L'Arne	32°

Analyse des eaux de l'Arrondissement de Vouziers

Localités	Terrains	Fontaines	Puits	Titres	Acide carbonique libre	Carbonate de magnésie	Chlorure de magnésium	Chlorure de calcium	Sulfate de chaux	Azotate de chaux	Carbonate de chaux	Chlorure de sodium	Substances fixes pour un litre
Machault.	2e Étage du terrain crétacé	entre Quicourt et Machault		16°25	0,006	0,0110	"	0,0228	0,0070	0,0483	0,0785	"	0,1676
			Puits	19°	0,0175	0,0286	0,0202	0,0318	0,0105	0,0084	0,0618	"	0,1608
Monthois.	1er ou 2e Étages du terrain crétacé	Fontaine		14°	0,0025	0,0088	,	0,0399	0,0210	0,0084	0,0721	"	0,1602
		"	Puits	61°	0,015	,	0,0640	0,0855	0,0660	"		0,2100	0,8220
Tourteron.	2e ou 3e Étages du terrain jurassique	Grande fontaine		24°25	0,005	0,0286	"	0,0171	0,0140	0,0819	0,1300	"	0,2715
	Village bâti sur terrain d'alluvion	F. Terneuse		30°	0,015	0,0176	"	0,0114	0,0070	0,1176	0,1699	"	0,3235
Vouziers.		Ste Maurille		26°25	0,010	0,0440	"	0,0067	0,0035	0,0420	0,1648	"	0,2600
		"	Puits	41°	0,00625		"	0,1054	0,2240	0,0798	0,0077	"	0,4961
Attigny.	1er ou 2e Étages du terrain crétacé	Fontaine		34°	0,01375	0,01980	0,01125	0,05415	0,0280	0,0189	0,20471	"	0,33681
		Fontaine		32°	0,0275	0,0264	.	0,0114	"	0,0921	0,1751	"	0,3063
			Puits	42°50	0,01626	;	0,05400	0,09120	0,25200	"	0,07467	"	0,47187
	Terrain d'alluvion		Puits	70°	0,0176	"	0,0406	0,1767	0,1960	"	0,3347	"	0,8919
Buzancy.	2e ou 3e du terrain jurassique		P. de Mahomet	21°	0,0125	0,0176	"	0,0067	.	0,0604	0,1339	.	0,2076
	terrain crétacé en couche	La Hyreuse		21°	0,0125	0,0176	"	0,0067	.	0,0604	0,1339	"	0,2076
Le Chesne.	2e du terrain jurassique	Longué Labarye		28°	0,010	0,03080	.	0,02280	0,0070	0,04620	0,17707	.	0,28447
	terrain diluvien	"	Puits	41°6	0,010	0,0704	.	0,1026	0,0420	0,0840	0,1493	"	0,4483
Grandpré.	3e du terrain jurassique	Fontaine		33°5	0,00876	0,05600	.	0,00670	0,0350	0,16254	0,13209	.	0,39033
	1er Étage du terrain crétacé	"	Hôtel Dieu Dioion	44°	0,0125	0,0594	"	0,0912	"	0,1701	0,1712	"	0,4919

Source de Vaux en Dieulet	26°
— Belval	26°
Fontaine-au-Croncq (Nouart).	25°
— du Bois-des-Dames	35°

Ces eaux sont généralement bonnes; les puits ont un titre un peu plus élevé :

A Sommauthe	38°
A Sauville.	34°

Les eaux passent facilement à travers les calcaires coralliens, il en résulte que les hauteurs sont très-sèches. Mais sur la marne qui sépare cet étage de l'étage oxfordien, repose une nappe d'eau qui fournit un grand nombre de sources dont l'eau est généralement bonne :

Source de l'Anelle	17°
— de St-Roch à Sy	18°,5
Puits de Buzancy	28°

Les villages situés plus bas que les affleurements de l'étage corallien : Tailly, Nouart, etc., ou sur la partie inférieure de cet étage : Tannay, Louvergny, etc, sont largement pourvus d'eau. — Formé de couches perméables et de couches imperméables, le calcaire à astartes retient facilement les eaux ; aussi est-ce sur cette formation géologique que les villages : Bayonville, Thenorgues, etc., sont le mieux fournis en eaux. On trouve dans le tableau II l'analyse des eaux de la Grande Fontaine (Tourteron), de la fontaine Terneuse (Tourteron), de la fontaine de la Hydeuse (Buzancy), de la fontaine de Longwé (Le Chesne) qui se rapportent à ce terrain. Ces eaux contiennent beaucoup d'azotate de chaux, fait spécial aux formations marneuses; quelques-unes aussi renferment du carbonate de fer.

Le groupe kimmeridgien, essentiellement marneux, (Exermont, Grandpré, etc.) fournit peu d'eaux de bonne qualité; elles contiennent comme celles du groupe précédent beaucoup d'azotate de chaux.

Groupe des sables verts inférieurs :

Source à Termes	20°
Puits de la Sabotterie	45°
— Terron	55°

Les terres gaizeuses laissent passer l'eau, aussi fournissent-elles de nombreuses sources d'une eau fraîche, pure et abondante. Mais les puits donnent généralement une eau viciée par le voisinage des fumiers et toutes les impuretés qui pénètrent si facilement à travers la gaize :

Fontaine à Apremont	9°
Lavoir de Châtel	13°,5
Puits à Vouziers	30 à 41°

A travers les sables verts supérieurs l'eau passe facilement et forme un véritable mortier à la partie inférieure. Un puits de Monthois creusé dans ce terrain a donné 61°

Contrairement à la craie, la marne crayeuse retient les eaux qu'elle reçoit, aussi n'est-elle jamais très-sèche, elle est même souvent d'une humidité remarquable (villages du pied des monts).

Comme dans toutes les formations marneuses, les eaux

n'y sont pas de très-bonne qualité et renferment beaucoup de sulfate de chaux.

(Voir tableau II l'analyse de deux puits d'Attigny) (1).

En raison de la grande perméabilité de la craie, les plateaux élevés de la Champagne se trouvent sans eau, ou du moins ne peut-on s'en procurer qu'à une grande profondeur : à Constantine, par exemple, il y a un puits de 50 mètres. Les sources y sont peu nombreuses, mais ne tarissent guère que par les plus grandes sécheresses. Les eaux de cette région sont troubles, d'un goût désagréable; celle des puits est froide, grâce à la profondeur où on est obligé d'aller la chercher. Degré hydrotimétrique :

Source de Vaux-Champagne	19º
— au sud de Dricourt	15º,25

Les eaux de la Champagne contiennent une notable quantité de carbonate de chaux, ce qui ne doit pas surprendre, puisque le sol est entièrement formé de craie. Mais quand je vois la santé florissante des habitants de cette partie de l'arrondissement de Vouziers, je pense avec M. le professeur Gubler (2) que c'est en vertu d'un préjugé regrettable qu'on attribue à ces eaux des propriétés malfaisantes. Non-seulement elles sont parfaitement innocentes des inconvénients qu'on leur attribue, mais je dirai plus, elles peuvent rendre des services dans certains cas de dyspepsie : le carbonate de chaux agissant en effet comme absorbant mécanique. Si le tube digestif renferme des acides, la craie, se dissolvant, devient en

---

(1) Ces eaux sont séléniteuses, elles dissolvent mal le savon et sont d'une digestion difficile.

(2) Gubler. Commentaires thérapeutiques du Codex.

même temps qu'un absorbant un stimulant de la muqueuse gastrique par l'acide carbonique qu'elle dégage. Si cependant il se formait par double décomposition du sulfate de chaux, ces eaux pourraient devenir laxatives. C'est peut-être à cette cause qu'on doit attribuer les dérangements intestinaux assez fréquents en été, alors que dans les grandes chaleurs, ces eaux en s'évaporant deviennent de plus en plus chargées de craie, et constituent réellement une boisson des plus défectueuses.

Mais le carbonate de chaux n'aurait-il pas encore un autre avantage ?

Puisqu'il convient aux jeunes sujets en voie de développement, ne serait-il pas permis d'y voir une des causes qui, influant sur l'organisme depuis plusieurs générations, contribuent à faire du Champenois un type à part et si distinct des habitants de la vallée de l'Aisne.

Je crois que M. Guipon (de Laon) avait raison lorsqu'il attribuait aux eaux calcaires certaines affections, mais je ne pense pas comme lui qu'elles soient la cause d'engorgements du foie, de goîtres, de caries dentaires, etc. Toutefois, il est probable que, chez certaines personnes prédisposées, elles sont la cause, lorsqu'elles sont prises en grande quantité, d'affections cancéreuses de l'estomac dont le nombre est grand en Champagne, comme je le dirai plus loin. Enfin, les eaux crayeuses ont le défaut certain de s'opposer à la cuisson des légumes.

Malgré une ébullition prolongée, les haricots, les lentilles, etc., cuisent mal ; ces eaux empêchent de même la dissolution du savon, en le convertissant en un nouveau savon insoluble.

L'eau de pluie ne sert guère dans l'arrondissement de

Vouziers qu'à des usages domestiques. Comme elle dissout parfaitement le savon, cette qualité explique son emploi général pour le lessivage du linge. Cette eau en passant à travers des terrains de natures particulières arrive dans les puits qu'elle gâte bien souvent. Du reste, à cause de son goût fade, et de la faible quantité de sels qu'elle contient, elle convient peu comme boisson.

Les eaux de source sont regardées à la campagne comme les plus fraîches, les plus agréables, les plus pures. Cependant, en été, elles peuvent nuire à cause même de leur fraîcheur.

Les eaux des cours d'eau n'entrent pas dans l'alimentation, leur température, en effet, se met trop vite en harmonie avec celle de l'atmosphère. Il en résulte qu'en été elles sont trop chaudes et qu'en hiver elles sont glacées; elles contiennent, en outre, des impuretés qui les rendent désagréables. Les cultivateurs, qui le savent bien, alors même qu'ils doivent travailler sur les bords d'un ruisseau ou d'une rivière, emportent avec eux de l'eau, lorsqu'ils ne doivent pas trouver de fontaines à l'endroit où ils se rendent.

On ne boit donc guère que l'eau de puits, et presque dans toutes les maisons on trouve un puits ou une pompe qui fournissent à tous les usages. Mais à côté des puits excellents qu'on rencontre en grand nombre, on en voit d'autres dont l'eau est absolument mauvaise, différence qu'on doit attribuer à la plus ou moins grande profondeur des puits, et à ce que tous ne sont pas murés. Selon leur profondeur, en effet, ils traversent des couches différentes de terrain, et reçoivent, lorsqu'ils ne sont pas murés, des eaux différentes comme les terrains qu'ils ont traversés ; enfin, ils contiennent généralement d'autant plus de matières organiques qu'ils sont moins profonds et alimentés par des eaux qui traversent les couches superficielles. A ce propos, j'ajouterai que ceux où un grand nombre de personnes vont puiser, ont une eau meilleure, parce qu'elle se renouvelle. L'eau est quelquefois altérée par les infiltrations des fosses d'aisance, des fumiers, des écuries, des égouts, des eaux ménagères. Ces infiltrations sont la cause de la présence dans certaines eaux d'une forte proportion de matières organiques, et sont dues à la mauvaise construction des puits, des rigoles et des égouts. Ces matières organiques produisent des diarrhées, des dysentéries, peut-être quelques cas de fièvre typhoïde, mais jamais la fièvre intermittente, dont la cause existe dans les miasmes respirés. Ces infiltrations sont surtout remarquables à Vouziers où dans quelques rues telles que la rue de Reims, les puits creusés dans la gaize donnent une eau très-mauvaise.

En général, l'eau des puits non viciée par les matières organiques ne cause aucun dérangement intestinal, et je ne connais dans l'arrondissement aucune maladie qui puisse être rapportée à son usage, contrairement à ce qui a lieu dans d'autres pays. Cependant quelques eaux contiennent beaucoup de matières fixes : Monthois (1) : 0,8226, Attigny : 0,8919, mais, enfin, ce sont là des quantités qui leur permettent encore d'être employées. Celles qui contiennent le plus de *sels terreux* ne sont pas, comme on pourrait le croire, les eaux de la Champagne, mais les eaux des *sables verts inférieurs* (Terron : 55º), et des *sables*

(1) Il est remarquable que cette eau qui a de plus un degré hyd élevé : 61º, contient aussi une forte quantité de chlorure sodium : 0.2100.

verts supérieurs (Monthois : 61°). Ces eaux ne valent rien, mais dans les localités où on les rencontre, on en trouve généralement d'autres : c'est ainsi qu'à Monthois la fontaine publique est alimentée par une excellente eau qui ne marque que 14° hydrotimétriques. Comme on le voit dans les tableaux I et II, les carbonates et les sulfates de chaux et de magnésie sont les sels principaux qui existent dans les eaux de l'arrondissement de Vouziers ; mais comme elles ne me semblent être cause d'aucune maladie, c'est là, je crois, la preuve de leur qualité ; et je termine ici ce que j'avais à dire de l'*hydrographie*, pensant, comme le disait à son cours M. le professeur Bouchardat, que le meilleur réactif de l'eau c'est l'homme.

CHAPITRE V.

FLORE.

J'ai cru devoir ajouter à mon travail la liste de nos plantes indigènes. Afin d'éviter toute erreur, je me suis adressé à un botaniste très-distingué (1), dont la *Flore des Ardennes* a été couronnée par l'Académie des sciences. Je transcris ici sans y toucher la liste suivante qu'il a bien voulu m'envoyer :

A. — *Plantes communes de l'arrondissement de Vouziers*

Anémone pulsatille.	Anémone pulsatilla.
Souci d'eau.	Caltha palustris.
Pied d'alouette.	Delphinium consolida.
Cardamine. Cresson élégant ou des prés.	Cardamina pratensis

(1) M. Callay, pharmacien au Chesne.

Mauve sauvage. — Malva sylvestris.
Vulnéraire. — Anthyllis vulneraria.
Astragale. — Astragalus glycyphillos.
Coronille. — Coronilla varia.
Reine des prés. Ulmaire. — Spiræa ulmaria
Rosier rouillé. — Rosa rubiginosa.
Néflier d'Allemagne. — Mespilus germanica.
Circée de Paris. Herbe des sorciers. — Circœa lutetiana.
Bryone. — Bryonia dioica.
Groseiller rouge. — Ribes rubrum.
Ethuse, Petite ciguë. — Æthusa cynapium.
Egopode. Herbe-aux-goutteux. — Ægopodium podagraria.
Grande ciguë. — Conium maculatum.
Armoise. — Artemisia vulgaris.
Tanaisie. Herbe aux vers. — Tanacetum vulgare.
Gnaphale. Pied de chat. — Antennaria dioica.
Bruyère commune. — Erica vulgaris.
Pyrole à feuilles rondes. — Pyrola rotundifolia.
Petite pervenche. — Vinca minor.
Centaurée. — Erythrœa centaurium.
Consoude officinale. — Symphitum officinale.
Jusquiame noire. — Hyosciamus niger.
Menthe pouliot. — Mentha pulegium.
Serpolet. — Thymus serpillum.
Germandrée. — Teucrium chamœdrys.
Bistorte. — Polygonum bistorta.
Colchique d'audomne. — Colchicum autumnale.
Ail des ours. — Allium ursinum,
Muguet. — Convallaria maialis.
Narcisse des prés. — Narcissus pseudo-narcissus.
Flouve odorante. — Antoxanthum odoratum.
Canche. — Deschampsia cœspitosa.
Polystie. Fougère mâle. — Polystichum filix mas.
Polypode. Fougère douce. — Polypodium vulgare.
Fougère femelle. — Ptéris aquilina.

B. — *Plantes rares.*

Parnassie des marais. — Parnassia palustris.

Lin.	Linum Leonii.
Bec-de-grue des forêts.	Geranium sylvaticum.
Impatiente n'y touchez pas.	Impatiens noli-tangere.
Genêt d'Allemagne.	Genista germanica.
Trèfle élégant.	Trifolium elegans.
Astragale pois-chiche.	Astragalus cicer.
Rosier pimprenelle.	Rosa pimpinelli folia.
Fenouil.	Fœniculum vulgare.
Bunion.	Bunium carvi.
Valériane à feuilles de sureau.	Valeriana sambucifolia (1)
Seneçon des marais.	Senecio paludosus.
Aunée officinale.	Corvisartia helenium.
Laitue sauvage.	Lactuca scariola.
Campanuale à fleurs en tête.	Campanula cervicaria.
Monotrope suce-pin.	Monotropa hypopithys.
Hottone des marais.	Hottonia palustris.
Coqueret alkekenge.	Physalis alkekengi.
Gratiole officinale, Herbe au pauvre homme.	Epatiola officinalis.
Digitale pourprée.	Digitalis purpurea
Lathrée écailleuse.	Lathrœa squamaria.
Menthe verte.	Mentha viridis.
Népéle. Herbe aux chats.	Nepeta cataria.
Gagée.	Gagea spathacea.
Nivéole du printemps. Perce-neige.	Lencoïum vernum.
Ophrys araignée.	Ophrys aranifera.
	— arachnites.
— abeille.	— apifera.
— mouche.	— muscifera.
Vallsnérie.	Stratioles aloïdes.
Acore	Acorus calamus.
Ophioglosse commun. Langue de serpent.	Ophioglossum vulgatum.
Scolopendre officinale.	Scolopendrium officinale.
Lycopode à massues.	Lycopodium clavatum.
Leersie. Faux-riz	Leersia oryzoïdos

(1) C'est la racine de cette belle espèce que l'on récolte en grand dans notre département pour l'usage médical.

C. — Arbres et arbustes les plus remarquables de nos grands bois.

Erable sycomore.	Acer pseudo-platanus.
Erable faux-platane, plane.	Acer platanoïdes.
Sorbier des oiseleurs.	Sorbus aucuparia.
Sorbier alouchier.	Sorbus aria.
Cerisier des Ardennes.	Cerasus arduennensis (Callay).
Cerisier à grappes.	Cerasus padus.
Merisier	Cerasus avium.
Cornouiller	Cornus mas.
Sureau à grappes.	Sambucus racemosa.
Châtaignier commun.	Castanea vulgaris.
Chêne à fruits sessiles.	Quercus sessiflora.
Chêne à fruits pédonculés.	Quercus pedunculata.
Bouleau blanc.	Betula verrucosa.
Bouleau pubescent.	Betula pubescens.
Génévrier commun. Genièvre.	Juniperus communis.
Pin sauvage.	Pinus sylvestris.
	Pinus caricio.
	Pinus austriaca. (1)

Comme je l'ai déjà dit, je n'ai voulu citer que les plantes indigènes ; et c'est à dessein que j'ai passé sous silence une quantité de plantes qui, bien que très-employées et très-communes, sont sans grand intérêt au point de vue de la topographie. Telles sont, par exemple : le Bouillon blanc (béchique), la Chicorée sauvage (amère, dépuratif), le Millepertuis (vulnéraire), le Chiendent (rafraîchissant), le Cresson (antiscorbutique), le Pas d'âne (béchique), la Pariétaire (diurétique), la Ronce (astringent), etc.

(1) Ces 3 espèces forment la base de nos bois de pins plantés depuis une quarantaine d'années.

DEUXIÈME PARTIE

PHYSIOLOGIE ET HYGIÈNE

1° *Physiologie*.

CHAPITRE PREMIER.

ETHNOGRAPHIE.

De 638 à 587 avant J.-C., les Kimris, qui venaient des bords de la mer Noire, conquirent, sous la conduite de Hu-Cadarn ou Œsus le Puissant, le Nord-Est de la France sur les Celtes. Ils envahirent en partie la Grande-Bretagne et en partie la Gaule où ils occupèrent les régions septentrionale et occidentale jusqu'à la Garonne,

Dans la première moitié du ive siècle avant notre ère, une autre peuplade kimrique, celle des Belges, traversa le Rhin et occupa au nord des Vosges le pays compris entre ce fleuve d'une part, la Marne et la Seine de l'autre.

Il y avait alors trois races dans les Gaulois : les Kimris, les Celtes, les Aquitains. Les Celtes et les Kimris ne tardèrent pas à s'allier sur la frontière, mais d'autres causes contribuèrent encore au mélange des races. C'est ainsi que le pays occupé par les Kimris fut désolé par de nombreuses invasions : les Musulmans (Ch. Martel), les Burgondes, les Francs, les Normands ; avant eux déjà les colons romains étaient parvenus à s'établir jusque dans l'ancienne Gaule-Belgique ; tous les ans, les hordes barbares venues du Nord dévastaient tout. Au ixe siècle, les Normands renouvelèrent ces scènes épouvantables, cela dura 100 ans, et on crut voir en eux les précurseurs de la fin du monde. Le pays ainsi dévasté se trouva peuplé par des individus de races différentes. De 910 à 954, les Hongrois ravagèrent l'Alsace, la Lorraine, la Champagne, la Bourgogne ; et le nom francisé *Ogre*, qui désigne un monstre imaginaire, rappelle encore aujourd'hui l'épouvante qu'inspirèrent ces cavaliers intrépides et féroces. Toutefois, on doit penser que quelques-unes de ces invasions ayant été passagères, comme celle des Huns, ne durent avoir qu'une influence ethnique très-secondaire sur notre population.

En général, la population de la France, en vertu de la multiplicité et de la diversité de ses origines, présente plus ou moins les caractères d'une race croisée, et il est peu de contrées où on ne voit des individus qui tiennent du Celte et d'autres du Kimris. Mais il est cependant certain que la race celte prédomine dans le Sud, le Centre et l'Ouest de la France, tandis que l'élément kimrique l'emporte dans les départements du Nord et du Nord-Est.

On peut, dit M. le professeur Broca, limiter les pays Kimris en faisant passer une ligne au sud et à l'ouest de la Somme, de l'Oise, de la Seine-et-Oise, de l'Aube, de la Côte d'Or et du Jura, et les Ardennes font partie des quinze départements kimriques les plus purs.

Les caractères qu'on a donnés de la race kimrique sont les suivants :

« Stature élevée et allongée, front large et haut, un peu fuyant supérieurement, dépression à la base du nez qui est saillant et droit ou recourbé et dont les ailes sont relevées, visage allongé, menton saillant et rond, cheveux blonds ou roux, peau très-blanche, yeux bleus, courage, fougue momentanée, air farouche. »

Les Celtes avaient la taille plus petite, le front bombé et fuyant vers les tempes, les cheveux et les yeux bruns ou noirs.

La population de l'arrondissement est donc issue d'un mélange d'une race autochthone antérieure à tous les souvenirs de l'histoire et de plusieurs races indo-germaniques venues successivement de l'Orient depuis le xve siècle avant J.-C. Or, si les Celtes étaient *brachycéphales* (indice céphalique au-delà de 80 pour 100), les Kimris et tous les peuples qui vinrent ensuite étaient *dolichocéphales* (indice céphalique plus petit que 77,7 pour 100) (1). La dolichocéphalie doit donc prédominer dans notre arrondissement qui est un des pays kimriques les plus purs. Cependant, je crois qu'on pourrait y trouver un assez grand nombre de brachycéphales, vestiges d'une race qui ont survécu à l'invasion; mais il faudrait pour se faire une idée exacte sur ce point, des moyens d'étude que jusqu'à présent je n'ai pas eus en ma possession.

Il faut bien savoir du reste qu'on ne pourrait rien conclure de quelques cas séparés de brachycéphalie, un dolichocéphale pouvant devenir brachycéphale si ses hémisphères cérébraux refoulaient assez les parois crâniennes latérales pour que la cavité du crâne se rappro-chât de la forme sphérique.

(1) Les individus dont l'indice céphalique est compris entre ces peux limites sont mésaticéphales.

D'une façon générale, l'arrondissement de Vouziers est de race kimrique dont les caractères sont surtout marqués dans la *zone champenoise*; mais, comme partout, il Å a des restes d'une race que les invasions n'ont pu faire disparaître complètement et dont les caractères deviennent de plus en plus apparents à mesure qu'on s'éloigne de la région de la craie et que, traversant la rivière d'Aisne, on s'avance davantage dans la seconde partie de l'arrondissement. C'est à ce type, qui rappelle le type Celte, qu'appartiendraient les cas de brachycéphalie qui existent certainement dans cette contrée.

CHAPITRE PREMIER.

CONSTITUTION ET TEMPÉRAMENT.

La constitution des habitants de l'arrondissement de Vouziers présente des différences notables, comme on doit s'y attendre quand on connaît les différences de terrain, d'eau, de genre de vie, qu'on rencontre dans ce pays.

Comme je le montrerai ailleurs et comme je ne veux que le signaler ici, l'habitant de l'arrondissement est de haute taille, surtout dans le canton de Machault où on retrouve le beau type de la race kimrique; l'habitant de la vallée de l'Aisne et des bois est plus petit, ce qui tient vraisemblablement à l'aisance moins grande et à plusieurs causes que j'étudierai à mesure qu'elles se présenteront. Tandis que les habitants (hommes et animaux) de la région de la craie sont généralement d'une taille très-élevée, ceux de la vallée rappellent assez bien le type ardennais, connu surtout par les chevaux dont la race était naguère aussi distincte que celles des chevaux tarbes ou arabes, ces chevaux ardennais qui commencèrent à être connus au xie siècle, qui sous Napoléon I servirent surtout à monter l'artillerie, et dont la race aujourd'hui commence à disparaître. Dans la vallée et dans les bois, en effet, l'homme est moins grand et ses larges épaules indiquent une espèce à part.

Les dents partout mauvaises feront l'objet d'un chapitre particulier ; les cheveux sont surtout blonds châtains, les yeux sont fréquemment bleus et rarement aussi foncés que chez les méridionaux.

Le tempérament lymphatico-sanguin est celui qui prédomine ; mais dans certains pays c'est surtout le tempérament lymphatique : nous en trouverons la cause à propos du genre de vie, de l'industrie, etc.

Le caractère est généralement franc, honnête ; ce qui n'empêche pas le vol d'être passé complètement dans les habitudes des habitants de certain village où les délits forestiers sont regardés comme la chose du monde la plus naturelle.

La vallée fournit à l'homme une nourriture facile et assurée, et si, par cela même, elle prédispose à l'affaiblissement des forces corporelles, elle laisse plus de temps à la culture de l'esprit ; aussi les mœurs y sont-elles plus douces. C'est là que les plaisirs sont en honneur, que l'hospitalité est la plus grande, que la franchise est à l'ordre du jour. Si nous mettons, au contraire, le pied sur la craie, nous voyons un pays où un infatigable travail a complètement transformé un sol dont la nature

inhospitalière semblait rejeter également la race humaine
et celle des animaux domestiques. Les hommes y sont
obligés à un travail sans cesse renaissant sans lequel le
sol redeviendrait en peu de temps ce qu'il était il y a
peu d'années.

C'est dans ces contrées que, comme le dit Cabanis (1),
« l'art et le labeur peuvent seuls triompher des localités. » Aussi, en général, le cultivateur champenois est-il
travailleur, sobre, plus intelligent *que le mouton* qu'il
élève; mais il est plus méfiant, d'un caractère moins
ouvert, moins hospitalier, moins généreux que l'habitant du *Vallage*, toutes choses qui évidemment doivent
être rapportées au sol de la contrée. D'un caractère doux
et tranquille, le Champenois, chose singulière, ne peut
souffrir les pays boisés et les beaux paysages; il ne voit
rien au-dessus de ces vastes plaines, pourtant si tristes,
de la Champagne.

En général, les habitants de l'arrondissement de Vouziers s'adonnent à la culture de leurs champs; mais ils
sont naturellement portés vers les sciences, et ils ont
fourni à la médecine plusieurs noms illustres sur lesquels je reviendrai.

CHAPITRE III.

PRÉJUGÉS, CHARLATANISME.

Comme partout, il existe dans notre arrondissement
un certain nombre de préjugés grossiers, la plupart du

(1) Cabanis. Rapports du physique et du moral de l'homme.

reste fort innocents. Peu de personnes sont revenues estropiées de Longwé, pour s'y être fait soigner de leur hernie. A Grivy, une femme guérit les entorses en faisant sur la partie malade des signes cabalistiques avec son gros orteil; je n'ai jamais ouï dire qu'il en fût résulté le moindre mal; d'autres guérissent l'odontalgie avec un morceau de savon, ou préservent les chiens de l'hydrophobie en les marquant au front avec une clef chauffée au rouge. Mais il y a surtout un grand remède, un remède universel qui sert pour toutes les maladies des yeux aussi bien que pour les coliques des chevaux ; il ne s'agit que de *prononcer des paroles*, et pour chaque maladie existe une formule particulière. Les personnes qui ont le don précieux de guérir par ce moyen gardent avec soin leur secret. Ce n'est donc pas sans mal que j'ai pu connaître le mystère.

Au mois de septembre dernier, je venais de guérir un petit enfant d'une cholérine, lorsque je fus de nouveau appelé près de lui; il avait cette fois le muguet, et je commençai mon ordonnance. La mère m'arrêta tout à coup, me déclarant que, si son enfant avait le muguet, elle seule le guérirait avec un remède dont elle avait fréquemment usé, et toujours avec le plus grand succès. Elle me dit qu'elle allait la *sagner*. Voici sa recette :

Oraison pour guérir le chancre (1).

Chancre blanc, chancre rouge, chancre douloureux, éteins ton feu et ta rougeur, etc.

Vous dites l'oraison trois fois, vous soufflez sur la bouche de la personne et vous trouvez une parfaite guérison.

(1) Dans l'arrondissement de Vouziers, le muguet est appelé chancre.

Guelliot.

Ce sont surtout les bergers qui ont le don de guérir le *chancre*.

Ma cliente me donna ensuite d'autres recettes telles que celle-ci :

Oraison pour guérir l'entorse.

Vous dites 3 fois : Et te, super ante, super ante te, puis vous soufflez sur l'entorse et à la fin de chaque oraison, vous ferez la même chose pour un faux écart à un cheval.

Il existe encore d'autres oraisons pour une quantité de maladies, et en particulier pour les affections des yeux : la *fleur et le bourdon*, la *maille*, etc. Elles sont réunies en une brochure sous le titre : *Le Médecin des pauvres;* c'est dans cette brochure que j'ai pu copier textuellement ce qui précède. Ce sont là des préjugés dont il faut rire, et voilà tout; mais on ne se figure pas combien d'individus y ont encore foi et vont se faire *sogner* pendant plusieurs semaines avant de consulter le médecin.

Si le temps des rebouteurs (1) et des uromanciens est à peu près passé dans notre pays, il est un autre genre de charlatanisme qui infecte toute la contrée. Je veux parler des gens qui guérissent le cancer, et plus spécialement le cancer des lèvres. Il existe en effet, dans un département voisin, une fille qui, dans sa sphère, est presque aussi connue que l'était le Dr Noir. De très-loin on va la consulter pour le cancer, et tous les ans on voit venir à l'hôpital de Vouziers des gens, qui, sous l'influence si compréhensible d'ailleurs du mal qui leur fait perdre la tête, avant de voir un chirurgien, ont été

(1) Il n'y a plus guère qu'une rebouteuse un peu connue dans l'arrondissement.

trouver cette impudente dont l'ineptie devait leur être si fatale. C'est alors que nous voyons arriver des individus auxquels un épithélioma a rongé la moitié de la figure, et qui ne guérissent qu'au prix d'une opération difficile et souvent inutile, parce qu'ils ont attendu trop longtemps.

Hélas! le charlatanisme est aussi vieux que le monde et durera autant que lui, parce qu'il se trouvera toujours des gens heureux de se faire duper et d'autres tout prêts à les exploiter. Toutefois, s'il est impossible de réprimer complètement le charlatanisme, il est du devoir du médecin d'en prévenir le public; car « si les médecins en souffrent, et ils n'en souffrent pas dans le cas présent, les malades en meurent. »

2° *Hygiène*.

Le voyageur exercé, dit Boudin (1), devine souvent à la demeure, aux vêtements et aux habitudes du peuple, la constitution du sol de chaque contrée, comme d'après cette constitution, le minéralogiste devine les mœurs et le degré d'instruction. Les usages, en effet, sont tout différents selon les terrains; l'homme ne naît, ne vit, ne souffre, ne meurt, ne se loge, ne se nourrit point en Limousin ou en Basse-Bretagne comme en Champagne ou en Picardie. C'est pour cette raison que je diviserai l'arrondissement de Vouziers en deux grandes parties : une première, la région de la Craie; une seconde, la

(1) Ann. d'hygiène. V. 33.

région de la vallée de l'Aisne. J'ai étudié précédemment
déjà quelques caractères distinctifs de ces deux contrées ;
je vais montrer dans ce chapitre que, si elles sont différentes par le sol, elles le sont encore par les coutumes,
les habitations, etc.

CHAPITRE PREMIER.

HABITATIONS.

L'arrondissement de Vouziers comprend peu de localités importantes ; Vouziers, qui est la plus considérable
par la population, ne compte que 3,458 habitants. Pla-
cée d'une façon des plus propices sur le flanc d'une colline dont les pieds sont baignés par la rivière d'Aisne,
cette ville est exposée au Levant. Ses rues, d'une lar-
geur suffisante, laissent facilement circuler l'air, et tout,
au premier abord, annonce une ville des plus saines,
alors qu'il en est tout autrement. Ce qui frappe le plus
c'est, en été principalement, une odeur infecte qui s'ex-
hale de tous les points de la ville, odeur qui, dans certains quartiers surtout, oblige les habitants à fermer
toutes les issues de leur demeure. Voici, je crois, quelle
en est la cause :

Plusieurs rues sont très-mal pavées, et j'en connais
où le soir on ne s'aventure qu'en tremblant ; les pavés
laissent entre eux des intervalles où les eaux croupissent, et, lorsqu'arrivent les chaleurs, ces foyers d'infection empestent l'air de la façon la plus dangereuse.
Cependant, les rues auxquelles je fais allusion sont en

pente, et, pour cette raison, je ne pense pas qu'elles soient les plus malsaines de la localité. La rue de Reims, la principale rue de la ville, est certainement une de celles où l'on a le plus complètement foulé aux pieds les règles de l'hygiène. Sous un prétexte d'embellissement, le pavé a été relevé si bien qu'il n'y a plus d'écoulement possible pour les eaux, à tel point que pendant les orages les habitants sont obligés de se tenir à la porte de leur maison pour refouler l'eau qui envahit leur logement. On comprend de suite quelle conséquence il en résulte pour ces habitations, qui sont devenues malsaines, et dont les eaux pluviales et autres ne s'écoulent plus qu'avec peine sur la voie publique. Mais le véritable danger se montre en été, alors que les eaux croupissent dans les rigoles où les pierres mal jointes retiennent entre elles des détritus de toute sorte.

Il serait bien à désirer, pour remédier à ces imperfections, qu'on pût amener de l'eau sur la place publique et établir des bornes-fontaines dans les rues. Malheureusement la ville est trop élevée pour qu'on puisse facilement y conduire une eau prise dans les environs; mais il me semble qu'on pourrait à l'aide d'un tonneau, comme on en voit dans toutes les villes, organiser un arrosage public aussi nécessaire qu'il serait peu coûteux. On devrait veiller à ce que les rues, et surtout les rigoles, soient mieux entretenues; et enfin à ce que les eaux provenant des boucheries et des charcuteries s'écoulent par des égouts spéciaux et n'arrivent pas sur la voie publique.

Il est aussi indispensable de s'assurer que les charcutiers n'abattent chez eux aucun animal, et n'en jettent pas les détritus sur le fumier. Ceci me conduit à dire un

mot de l'*abattoir*. Cet établissement ferait supposer qu'il
a été construit à l'endroit qu'il occupe avant la ville elle-
même ; malheureusement il n'en est pas ainsi, et on se
demande quel but on a eu en venant placer cette construction dans un endroit aussi mal choisi. L'abattoir, en
en effet, se trouve en amont de la ville, au lieu de se
trouver en aval ; si bien que pendant longtemps les rive-
rains de la rivière d'Aisne ont été obligés d'enlever eux-
mêmes les intestins et autres détritus qu'on jetait négli-
gemment et qui, emportés par l'eau, venaient s'accrocher
aux branches sur les deux rives de la rivière. Heureusement l'abattoir est un peu mieux surveillé, et je pense que
l'Aisne est aujourd'hui moins infectée.

Voilà des causes d'insalubrité qu'on devrait bien s'ef-
forcer de faire disparaître. Je dirai au chapitre *Pathologie*
quelle importance énorme j'y attache. La ville serait donc
tout à fait malsaine si elle ne rachetait ses imperfections par de véritables avantages. Située, en effet, au
milieu de la campagne, elle est assez peu étendue pour
que tous ses habitants n'aient qu'à sortir de chez eux
pour se trouver dans les champs, où ils respirent l'air le
plus pur ; et de plus les maisons, généralement bien con-
struites, ont presque toutes un jardin situé sur le derrière. Je viens de dire que les maisons de Vouziers n'offrent généralement rien à désirer, mais à toute règle il y
a une exception. La *Maison d'école*, en effet, offre un type
parfait de construction insalubre, malsaine. Contempo-
raine de l'abattoir, elle est bâtie dans un ravin, de telle
façon que le rez-de-chaussée d'un côté se trouve être le
premier étage de l'autre côté, et que l'instituteur loge à
la cave. C'est là un état de choses très-défectueux,

auquel du reste la municipalité actuelle est en train de remédier.

Jusqu'ici la *Salle d'asile* était dans les mêmes bâtiments que l'hôpital. Un jour, un malade mourut de fièvre typhoïde, et plusieurs enfants furent atteints ; une organisation semblable exposait évidemment les enfants et ne pouvait durer, on vient de bâtir une salle d'asile qui sera séparée de l'hôpital.

En fait d'établissements insalubres, il ne me reste à signaler qu'un établisssement d'équarissage, qui, situé au nord de la ville, n'offre pas d'inconvénients ; il est, du reste, de peu d'importance. Plus loin, je parlerai de la sucrerie et de l'usine à gaz.

Si on sort maintenant de la ville pour visiter chaque village en particulier, on est frappé de suite de la différence qui existe entre les localités de la Champagne et celles du reste de l'arrondissement. Tandis, en effet, qu'en Champagne les villages sont réguliers et d'une propreté remarquable, dans le Vallage, au contraire, les rues, irrégulières, sont souvent d'une malpropreté incroyable ; et il est plus d'un village où, en hiver, l'eau et la boue rendent presque inaccessible l'entrée des maisons, et où certaine rue, le boulevard du pays, se transforme pendant une partie de l'année en un marais infranchissable. Il ne faut cependant pas croire qu'un te état de choses soit la règle ; car beaucoup de villages ont des rues propres, et presque partout on travaille à les rendre encore plus praticables. Enfin, un grand nombre de villages ont des mares où on abreuve les animaux domestiques, et qui se dessèchent pendant les chaleurs de l'été.

De tout temps on a cherché à assainir les localités, mais on trouve quelquefois de la résistance de la part des populations. C'est ainsi qu'un jour un prêtre, originaire de Semide, ayant étudié les mauvaises conditions hygiéniques où se trouve ce village, situé dans un ravin et exposé aux inondations, conçut le projet de le transférer sur la montagne et donna au nouveau hameau le nom d'*Orfeuil*. Mais les habitants ne voulurent pas de ce changement, et il en résulta deux villages : Semide et Orfeuil (1). Si généralement on ne se refuse plus guère à de semblable améliorations, il en est cependant qu'il sera bien difficile d'obtenir. Tandis en effet qu'en Champagne le cultivateur bâtit ordinairement son habitation de façon à ménager une cour fermée où il place son fumier, il est extrêmement rare de trouver une disposition semblable dans le reste de l'arrondissement. Partout, dans tous les villages, le chemin est bordé de deux haies de *fumiers*; et ces fumiers se trouvent sous les fenêtres, placés de telle façon qu'on est obligé de passer dessus pour atteindre la porte; enfin on ne fait jamais de fosse à purin et l'urine des animaux s'écoule de tout côté. (2) Je sais qu'il est difficile de remédier à ce mal avec des maisons telles qu'elles sont bâties aujourd'hui; mais serait-il donc impossible d'obliger le cultivateur, chaque fois qu'il construit une nouvelle maison, à établir les choses autrement, et à faire en particulier ce qu'on fait ailleurs, une fosse à purin? C'est là une réforme qui est demandée par tout le monde et qui a été reconnue nécessaire depuis longtemps,

(1) Histoire du diocèse de Laon, par D. Lelong, 1783.
(2) Il en résulte au moins une grande perte au point de vue des engrais. (Boussingault. Economie rurale.)

puisque, par une ordonnance du 13 juillet 1708, le commandeur de Boult et Merlan défend aux habitants d'Hauviné de placer leur fumier dans les rues, sous peine d'amendes, puisque enfin, dans les rapports sur les épidémies qui ont régné de 1771 à 1830 et de 1841 à 1846, l'Académie de Médecine déplore, en particulier pour le département des Ardennes, l'existence des mares dans les villages, et des fumiers autour des maisons.

Les maisons sont couvertes en tuiles, en ardoises dans les pays riches, et très-rarement en chaume. Ces maisons, souvent en craie dans la champagne, possédent généralement une charpente de bois dont les intervalles sont remplis par des briques et du mortier; les maisons les plus riches et les plus neuves ont souvent une devanture en pierre. Chacune se compose d'un rez-de-chaussée et d'un premier qui sert de grenier. Au rez-de-chaussée se trouvent deux ou trois pièces dont une principale sert de cuisine et où se trouve un lit. C'est là que couchent les maîtres de la maison, dans la pièce où ils prennent leurs repas, et où tout le personnel se tient une partie de la journée. Cette habitude, si elle économise le feu et la lumière, laisse du moins beaucoup à désirer au point de vue hygiénique. Généralement les maisons sont pavées, et chez les cultivateurs aisés les chambres ont un plancher. Mais, dans quelques villages, et en particulier dans ceux qui sont *Sous les Monts*, les chambres n'ont ni plancher, ni pavé, aussi les maisons sont-elles humides. Lorsqu'on veut nettoyer ce sol et que le balai ne suffit pas, on le gratte avec un instrument tranchant; il en résulte au bout de peu de temps des fonds et des bosses, l'eau y séjourne et il devient impossible d'avoir une maison propre. Mais puisque je viens de parler de ces villages, dits *Sous les Monts*, je vais de suite ajouter encore un mot à leur histoire. Lorsqu'on les parcourt on est frappé d'une chose, c'est de leur humidité : l'eau coule partout, et cependant il y a peu de malades. C'est que ces villages sont admirablement disposés au pied d'une colline qui les sépare de la région de la craie, et qui les protége des vents de l'Ouest. Les maisons sont séparées les unes des autres par des arbres en très-grand nombre, et ces arbres qui protégent les habitants contre les ardeurs du soleil s'opposent en même temps à l'évaporation de l'eau et partant au déssèchement de ces nombreux filets d'eau qui ne manqueraient pas de faire sans cela de cette contrée un pays très-malsain.

CHAPITRE II.

CHAUFFAGE.

Presque partout on se chauffe avec du bois, rarement avec de la houille. L'usage des cheminées est général, et on a conservé dans nos campagnes ces cheminées antiques où tous les membres de la famille peuvent trouver place.

Larges et élevées, elles ont l'inconvénient de trop brûler de bois; mais le combustible coûte peu, et les maisons les plus pauvres trouvent moyen d'alimenter leur feu. Ces cheminées ont l'avantage de purifier l'air dans des pièces où on se tient une bonne partie de la journée, et ne sont que rarement remplacées par des poêles en fonte dont les effets sont si nuisibles à la santé, comme je le dirai au chapitre *Industrie*, en parlant des vanniers en particulier. Il faut espérer que cette façon de se chauffer ne se répandra pas davantage dans nos compagnes, où, conservant les vieilles traditions, ou continuera à brûler le chêne, le charme, le hêtre, le poirier, etc., qu'on se procure facilement.

CHAPITRE III.

ÉCLAIRAGE.

Vouziers est la seule localité qui soit éclairée au gaz. Dans les maisons on se sert soit du gaz, soit de l'huile ou du pétrole, soit de la bougie, rarement de la chandelle. Dans les villages on brûle surtout de la chandelle, quelque fois du pétrole, et souvent on emploie une vieille lampe, d'un modèle fort ancien, formée d'un vase de fer dans lequel plonge la mêche et qu'on suspend à un clou de la cheminée : éclairage primitif mais suffisant à bon nombre d'habitants des campagnes qui, se levant de bonne heure, se couchent aussitôt qu'ils ont terminé leurs travaux.

CHAPITRE IV.

VÊTEMENTS.

A la ville on s'habille à peu près partout de la même façon, et la mode a si vite fait du chemin que, même dans les villages, on serait bien embarrassé de reconnaître sous ses habits d'apparat la jeune fille habituée aux rudes travaux des champs. En dehors cependant des jours de fête, la femme de nos campagnes se vêt d'une façon particulière. Tandis que la Champenoise, grosse et grasse comme tout ce qui respire sur la craie, a généralement un vêtement confortable et une robe qui lui descend jusque sur les pieds, la femme de l'autre partie de l'arrondissement, surtout des pays vignobles, se fait remarquer par une robe qui ne lui descend guére plus bas que le genou. C'est là un vêtement qui parait tout d'abord des plus singuliers, mais qui doit être en revanche des plus commodes. En été les femmes se couvrent d'un chapeau qui prenant la tête de chaque côté, s'avance en avant de 20 centimètres et garantit bien du soleil. Les hommes ne se servent guère que de casquettes, et il n'y a plus que les anciens du pays qui sortent avec des bonnets de coton blancs, bleus ou noirs, par dessus lesquels ils mettent le dimanche un chapeau à haute forme. Le vêtement le plus répandu est le sarrau. Comme chaussures, l'habitant des campagnes met surtout des sabots, lorsqu'il travaille dans sa maison ou dans ses écuries.

Grâce à cette chaussure il n'a pas les pieds humides, et n'est pas exposé comme l'habitant des villes à l'onyxis et autres inconvénients qui résultent des chaussures trop étroites et à hauts talons dont l'usage est si répandu aujourd'hui. A ce propos je consignerai ici une habitude qui tend à se vulgariser dans toutes les localités de l'arrondissement. Les jours de fête, alors qu'elles ont revêtu leurs plus beaux costumes, les jeunes filles ont l'habitude de se hisser sur des patins terminés inférieurement par un cercle de fer. Ces appareils qui ajoutent peu à la grâce et à la légèreré de la marche, ont l'avantage de tenir les pieds à cinq centimètres du sol et permettent de traverser impunement l'eau et la boue. Ils sont donc dignes comme les sabots de la place qu'ils occupent.

CHAPITRE V.

ALIMENTATION.

En ville on fait généralement trois repas ; à 7 ou 8 heures du matin, à midi et à 7 heures du soir ; à la campagne on y ajoute le goûter à 4 heures de l'après-midi.

Le déjeuner du matin se compose de chocolat, de lait, et le plus souvent de café au lait, ce dernier constituant une nourriture insuffisante pour bien des estomacs. Un grand nombre de cultivateurs commencent par prendre le matin, avant d'aller dans les champs, un morceau de pain avec de l'eau-de-vie, premier déjeuner dont ils se trouvent bien.

En ville il se fait une grande consommation de *viande* de boucherie et de charcuterie, et il est peu de ménages tellement pauvres qui ne puissent s'en procurer une fois par jour. Beaucoup de villages au contraire, privés de boucher, sont trop éloignés de la ville pour manger de la viande fraîche, mais on y mange beaucoup de viande de porc, à laquelle on ajoute des légumes en abondance. Dans chaque maison on élève un ou plusieurs *porcs* qu'on tue à jour fixé longtemps d'avance. Ce jour est une fête où on réunit tout les membres de la famille et où on consomme la moitié de l'animal dont les restes sont salés pour être utilisés dans le courant de l'année. On les fait cuire alors soit avec des légumes, soit avec des œufs, soit avec du vin, soit avec de la pâte, ce qui constitue une galette dont les habitants de la vallée de l'Aisne sont avec raison très-grands amateurs.

On élève un grand nombre de *moutons*. Les moutons comme les veaux de Champagne sont énormes, d'un bon rapport, mais beaucoup moins estimés que ceux qu'on élève dans d'autres parties du département, sur la frontière belge en particulier. La production des *volailles* est considérable : la poule, le canard, l'oie, le dindon, entrent pour une large part dans l'alimentation.

La rivière d'Aisne et ses affluents, mais principalement l'étang de Bairon, fournissent des *poissons* de toute espèce très-estimés dans le pays; mais très-rares dans la région de la craie où il n'y a pas assez d'eau. Grâce enfin aux nouvelles voies de communication, le poisson de mer, en ville du moins, commence à entrer dans la consommation. La rivière de la Bar fournit des écrevisses très-recherchées.

Le *gibier* devient de moins en moins abondant, mais les bois fournissent encore de temps en temps des sangliers et des chevreuils, dont la chair est très-nourrissante. Les autres animaux sauvages qui servent à l'alimentation sont principalement : la perdrix, le lapin de garenne, et le lièvre qui habite surtout les plaines de Champagne. Chose singulière, ce que nous avons dit de l'homme et des animaux domestiques : cheval, veau, mouton, etc. dont la taille exceptionnelle l'emporte sur celle des habitants du

Vallage, nous le retrouvons ici pour les animaux sauvages, tels que le lièvre, qui est beaucoup plus grand dans cette contrée que dans le reste de l'arrondissement. Le carbonate de chaux me semble en être la cause : il existe dans l'eau que boivent l'homme et les animaux, et quand on connait le sol de la Champagne, il est permis de croire que les végétaux de cette contrée en contiennent aussi en abondance.

Aujourd'hui le *pain* se fait presque partout avec de la farine de blé, mais pendant longtemps les Champenois n'ont mangé que du pain de seigle ; ce n'est que depuis quelques années que, grâce aux progrès de l'agriculture, le pain de seigle a été presque entièrement abandonné. En ville et dans bon nombre de villages, le pain est fait par des boulangers, mais dans certaines localités on fait encore dans chaque maison un pain, dit pain de ménage, qui, pour avoir une moins belle apparence que celui des boulangers, est cependant plus nourrissant; souvent on ne fait pour toute la semaine qu'une seule cuisson. La sophistication du pain n'est pas connue dans notre arrondissement, et on ne voit nulle part d'accidents produits par les altérations du blé, ni même du seigle.

Dans les campagnes surtout on mange beaucoup de *légumes* : chou, haricot, carotte, navet, pomme de terre ; le chou ne sert pas, comme en Alsace, à faire de la choucroûte dont l'usage est à peu près inconnu. La *pomme de terre* est cultivée sur une grande échelle. Aujourd'hui, disent MM. Meugy et Nivoit, le nombre d'hectares cultivés en pomme de terre est de 2,000 et le rendement est de 108 hectolitres par hectare. Presque toute la production est consommée dans le pays par les hommes et les ani-

— 48 —

maux, et la consommation moyenne de chaque habitant
est de 1 hectolitre 50 par an. C'est un légume nourrissant qui tient sa place sur la table du riche comme sur
celle du pauvre, et dont quelques espèces sont très-estimées. Un des pays qui fournissent les meilleures pommes
de terre est Grand'ham, dans le canton de Grandpré. Les
légumes frais sont cultivés surtout dans le canton d'Attigny, sur le sol riche et fertile qui longe la rivière
d'Aisne.

L'arrondissement de Vouziers est très-favorisé sous le
rapport des *fruits*, et je pense que c'est là une des causes
de la bonne santé générale. La culture des arbres fruitiers
occupe 1,500 hectares, principalement dans les cantons
de Tourteron et de Grandpré ; ce sont surtout des poi-
riers, des pommiers, des cerisiers et des pruniers ; les
noyers, comme la vigne, sont souvent gelés au printemps.
Les pommes et les poires servent à la fabrication du cidre
dont la production est en moyenne de 20,000 hectolitres
par an. Les cerises sont en partie mangées, en partie
exportées, et en partie employées à la fabrication du
kirsch. Il est certain que plus il y a de fruits, moins il y
a de malades, et je crois avec Trousseau (1) que les fruits,
surtout bien mûrs, n'ont jamais donné ni coliques, ni
diarrhées, ni dysentéries. Les cerises et les raisins pur-
gent et en débarrassant l'intestin, ce qui est si nécessaire
pendant l'été, entretiennent la santé et excitent l'appétit.

Mais si les fruits ont de véritables avantages, leur grand
nombre a suscité à une partie des habitants une idée que
je crois fâcheuse. *Sous les Monts*, en effet, est une région

(1). Clinique médicale.

où les arbres fruitiers poussent naturellement, et le principal fruit est la *noberte* dont les habitants faisaient jusqu'ici une nourriture rafraichissante : le *noberté* ou *brouet* ; ils *vivaient chichement*. Aujourd'hui leurs habitudes ont changé, et les mêmes individus qui faisaient un repas avec un peu de brouet et de lait, ont trouvé préférable de convertir en kirsch une partie de leurs prunes. Pour moi, je crains fort que ce ne soit là la cause de la décadence de cette population dont j'ai indiqué ailleurs la grandeur physiologique.

Les champignons sont presque inconnus à la campagne et n'ont guère fait leur apparition à la ville que depuis la construction du chemin de fer d'Amagne à Vouziers, aussi n'ai-je rien à en dire.

Le *laitage* est d'un usage très-habituel, il entre dans la confection du déjeuner du matin : café au lait, chocolat, etc. Grâce aux pâturages excellents de la rivière d'Aisne, on possède du beurre et du fromage de bonne qualité, quoique bien inférieurs à ceux que fournit par exemple la Bretagne. Le lait de vache est employé plutôt que celui d'anesse ou de chèvre.

A propos du lait, je saisis avec empressement l'occasion de dire un mot de l'*allaitement*. L'allaitement maternel est en honneur partout, à la ville comme à la campagne, et, je suis heureux de le dire, les mères se font un point d'honneur de nourrir elles-mêmes leurs enfants. Mais combien est souvent mal compris ce temps capital de l'hygiène de la première enfance. Dans un stage de trois mois que je faisais l'hiver dernier au milieu de mes futurs clients, j'ai été véritablement épouvanté des idées erronées qui règnent dans l'esprit de certaines mères de famille des plus consciencieuses. J'ai été appelé plus d'une fois pour des enfants de quelques mois dont l'estomac et les intestins fatigués ne pouvaient plus rien digérer ; et on me disait invariablement que ces enfants ne pouvant se soutenir avec du lait seul, mangeaient comme leurs parents de la soupe et des légumes. Heureux encore si, sous prétexte de leur donner des forces, on ne les forçait pas à boire du vin. Je crois donc que sur l'hygiène de l'enfance il y a beaucoup à faire, et je suis convaincu que, si dans nos campagnes les enfants ont une santé si florissante, ils la doivent à l'air qu'ils respirent, cet air si pur dont les qualités l'emportent heureusement sur les défectuosités du régime.

CHAPITRE VI.

BOISSONS.

En 281, Probe permit la culture de la vigne dans les Gaules et c'est à cette époque que remontent, selon les chroniqueurs locaux, les vignes de la rivière d'Aisne. Depuis quelques années la culture de la vigne va en diminuant, ainsi :

En 1847, il y avait 1043 hectares de vignes.
En 1851 — 924 —
En 1869 — 709 —

Ce qui fait qu'on en a arraché beaucoup, c'est qu'on n'a guère qu'une bonne récolte sur cinq, les vignes, surtout celles qui sont exposées au levant et au midi, étant gelées presque tous les ans au mois de mai. Ceci explique pourquoi certains villages qui avaient autrefois des vignes n'en ont plus aujourd'hui ; de ce nombre sont par exemple : La Chambre-aux-loups, Corbon, Saint-Morel, Bouconville, Sainte-Marie, Imécourt, Verpel. Aujourd'hui on en trouve principalement dans les cantons de Grandpré, Vouziers, Attigny et Tourteron ; celui de Machault est le seul qui n'en renferme pas.

Notre arrondissement produit encore chaque année une quantité de vin importante. Ainsi les 1,043 hectares de 1847 ont donné 43,340 hectolitres ; et en 1852, 869 hectares ont rapporté 30,000 hectolitres. En 1862, le département des Ardennes s'est trouvé au nombre de ceux où la vigne a rapporté le plus. (le 9e)

Ces vignes sont plantées de raisins noirs et de blancs, généralement on estime plus le vin fait avec le raisin noir.

Baugier, qui écrivait en 1721, dit que le vin des bords de l'Aisne est *petit*. Ce mot rend exactement l'impression, de l'étranger qui, pour la première fois, goûte ce vin peu foncé en couleur et qu'il boit comme de l'eau. Les résultats suivants prouveront qu'il ne faut pas se fier aux apparences ; voici en effet la quantité d'alcool que j'ai trouvée dans les vins de l'arrondissement :

Récolte 1865	Vandy	blanc	6,80
— 1874	Ballay	rouge	8
— 1875	Terron	paillet	6,25
	Vrizy	id.	6,95
	Neuville-Day	id.	7,30
	Vandy	rouge	7,40
	Vandy	paillet	7,40
	Quatre-champs	rouge	7,65
	Landéves	id.	7,90

	Vandy	blanc	7,95
	Termes	roùge	8,35
	Voncq	id.	8,35
	Semuy	id.	8,35
	Chestres	id.	8,35
	Primat	paillet	8,70
	Toùrteron	rouge	9,10
	Senuc	id.	9,75
Récolte 1876	Vandy	rouge	7,20

Je crois devoir mettre en regard de ces chiffres les résultats d'autres analyses que j'ai faites à la même époque :

Vin de la Drôme	rouge	8,70
Bordeaux vieux	rouge	11,95

Enfin, l'un des vins qui sert à fabriqüer le champagne mousseux, le vin de Vertus, m'a donné 9,75.

Les vins du pays s'acidifient très-vite ; ainsi la plupart des vins rouges doivent être bus dans l'année ; ceux qui sont moins foncés en couleur (paillets) peuvent être conservés un an de plus, et les vins blancs 3 ou 4 ans.

Le *vin* (vulgò *ginguet*) est la principale boisson de l'arrondissement ; la *bière* est cependant consommée en assez grande quantité surtout dans les auberges, mais on en boit beaucoup moins que dans les autres arrondissements des Ardennes, beaucoup moins surtout que dans les localités qui se rapprochent de la frontière belge. J'ai fait une analyse de bière qui m'a donné le résultat suivant : 2.55.

Peu de personnes boivent de la bière à leur repas ; les ouvriers n'en veulent pas et, pendant les moissons, ils emportent avec eux du vin ; les plus pauvres se contentent de boire l'eau des fontaines qui se trouvent en abondance dans les champs. Dans les années où les vendanges ne sont pas suffisantes, les cultivateurs sont obligés d'acheter des vins étrangers qui conviennent moins aux travailleurs ; et telle est la consommation qui se fait dans le pays que, dans la seule ville de Vouziers, on compte aujourd'hui sept marchands de vins en gros.

L'usage du vin est donc général : c'est la boisson favorite des classes riches et des classes pauvres, de l'habitant de la ville comme de l'habitant des campagnes. Partout on en fait une grande consommation sans grand préjudice pour la santé : c'est qu'en effet, ces vins sont légers, acides, d'un goût agréable et d'une digestion facile. Après des festins de six ou sept heures, comme on en fait à la campagne, et où chaque convive a absorbé pour sa part plusieurs bouteilles de vin du pays, l'ivresse est très-rare ou du moins ne fait que paraître et disparaître. Ce vin en effet, ne fait qu'accroître les forces musculaires, il entretient et réveille la gaieté, et fait naître la confiance et la cordialité. N'est-il pas évident que dans la vallée de l'Aisne, où presque tous les villages sont des vignobles, les hommes sont en général plus gais, plus sociables, plus hospitaliers, d'un caractère plus ouvert, que dans le canton de Machault par exemple où la vigne ne pousse pas.

Ces vins cependant fatiguent par leur acidité (1) les estomacs faibles et délicats ; mais chez les individus d'une bonne constitution ils ne font qu'exciter l'appétit. De

(1) M. Aug. Barré, étudiant en pharmacie, a bien voulu me doser la crème de tartre dans le vin de Vandy 1875. Il en a trouvé 2 grammes 50 par litre.

plus ils sont fortement diurétiques, et je suis tenté de rapporter à cette dernière propriété la grande rareté des calculs vésicaux dans notre pays. Il est cependant évident que l'abus du vin pourrait être nuisible; mais il est certain que le vin de l'arrondissement de Vouziers produit bien rarement l'affaiblissement de l'intelligence et du moral sans le secours de l'eau-de-vie. Je connais pour ma part des individus qui, après avoir fait une consommation étonnante de vin, sont arrivés à un âge avancé, en conservant intactes toutes leurs forces.

Les buveurs de vin ne sont jamais atteints de *delirium tremens*, maladie qui attaque exclusivement les buveurs d'eau-de-vie. Si quelques auteurs ont remarqué que dans les pays vignobles les habitants étaient plus exposés dans les mauvaises années à boire de l'eau, que dans les autre pays où la bière est en usage, je puis affirmer que l'eau est très-peu en honneur sur les bords de la rivière d'Aisne. Outre, en effet, qu'on se procure maintenant avec facilité les vins étrangers, les habitants fabriquent aujourd'hui une grande quantité d'eau-de-vie avec les marcs de raisin, les prunes et les cerises. Ces eaux-de-vie, dont quelques-unes sont très-estimées (kirsch de Tourteron et de Marcq), ne font pas grand mal quand elles sont bien faites et prises avec modération. A la campagne, un grand nombre de cultivateurs prennent, avant d'aller aux champs, un morceau de pain avec l'eau-de-vie, vu les travaux fatigants auxquels ils se livrent, cette boisson, prise en aussi faible quantité, n'a pas grand inconvénient, et les soutient jusqu'au repas suivant. Mais, dans bon nombre de localités, cet usage limité a dégénéré en habitude funeste, et il n'est pas très-rare de rencontrer des cas de *delirium tremens* ; j'ai eu l'occasion enfin d'observer plusieurs cas d'*amaurose alcoolique*.

L'absinthe a fait un certain nombre de victimes il y a quelques années, on en boit beaucoup moins aujourd'hui.

Le *cidre* est d'un usage assez répandu (on en fabrique 20,000 hectolitres par an), surtout dans les années où on fait peu de vin, et principalement dans les classes peu aisées. C'est une boisson peu digeste et qui, bue en grande abondance dans les grandes chaleurs de l'été, produit souvent des coliques et de la diarrhée. Elle convient peu aux cultivateurs, et il serait bien préférable de la remplacer par le café, qu'il serait facile de transporter dans les champs, et dont le prix serait peu élevé. Les cidres présentent au point de vue de l'alcool qu'ils renferment, de grandes différences qui tiennent sans doute à la façon dont ils sont fabriqués : 0,80, 1,25, etc.

CHAPITRE VII.

INDUSTRIE.

Dans l'arrondissement de Vouziers presque toute la population appartient à l'agriculture, et c'est là un état de chose dont on doit se féliciter au point de vue hygiénique, car c'est la cause la plus certaine de la conservation de la santé, de la force, en un mot de la richesse physiologique dans nos campagnes.

S'il est vrai qu'en 1721 il y avait au Chesne et à Voncq des fabriques de drap ; à cette époque l'industrie devait être chez nous de bien peu d'importance si on en juge par le peu de progrès qu'elle fait chaque jour. Dans le canton de Machault on trouve deux *usines* : l'une à Saint-Etienne qui occupe quarante ouvriers, l'autre à Hauviné qui en occupe soixante. Ces établissements, bien construits, sont trop nouveaux pour qu'on ait pu en apprécier les effets sur la santé de la population (1). Le canton de Grandpré est le plus important, au point de vue de l'industrie : les *forges* d'Apremont occupent 160 ouvriers, et celles de Cornay, 40 ; à la *sucrerie* de Chéchery travaillent 70 à 80 personnes ; 50 sont employées à l'extraction des mines et des sables nécessaires au moulage de la fonte ; 120 environ travaillent à l'extraction des nodules de phosphate de chaux (2).

Il existe dans l'arrondissement une seule *usine à gaz*, à Vouziers ; et quatre sucreries : Attigny, Vouziers, le Chesne, Chéhery : ces établissements donnent lieu de temps en temps à des accidents, principalement à des brûlures dont plusieurs ont été mortelles.

Depuis quelques années, le cultivateur, qui se procure difficilement des ouvriers, se sert de *Batteuses à vapeur*. Ce sont là certainement des appareils d'un grand secours, mais non sans inconvénients, et tous les ans on signale des accidents : mains et bras broyés. J'ai eu l'occasion de voir deux individus dont la phthisie ne reconnaissait d'autres causes que la poussière qu'ils respiraient pendant toute l'année : tous deux étaient propriétaires de batteuses à vapeur qu'ils conduisaient de village en village.

(1) Je dois ces renseignements à M. le D' Noël, de Machault.
(2) Renseignements dus à l'obligeance de M. le D' Jaillot, d'Apremont.

Les *scieries mécaniques* exposent également à des traumatismes fréquents, et les *scieurs de long*, qui sont encore en assez grand nombre dans les pays de bois, sont plus pécialement prédisposés aux hernies. Parmi les genres s'industrie qui ne m'ont rien fourni à noter de particulier, je signalerai : une fabrication considérable d'allumettes soufrées à Toges, une papeterie à Montgon, une fabrique de couleurs à Ecordal, une fabrique de cannelles en bois à Condé-les-Vouziers, où l'inventeur inconnu de cet instrument est encore aujourd'hui à la tête d'un commerce d'exportation.

La *fabrication des briques* est importante, en particulier à Vouziers et à Attigny. A Vouziers, par exemple, il existe sept *briqueteries* qui occupent chaque année 42 Belges et une vingtaine de Français. La fabrication des briques comprend plusieurs temps dont un, le moulage, expose à une affection toute particulière, si générale et si connue, que les ouvriers qui savent de quoi il s'agit, se soignent eux-mêmes, sans jamais consulter le médecin. Invariablement, tout individu qui commence à mouler, est pris d'une vive douleur dans le poignet, avec craquement dans l'articulation (1). Je n'ai pas eu l'occasion d'observer cet accident, mais un des briquetiers de Vouziers m'a assuré qu'aucun de ses ouvriers n'y échappait. Généralement, ils ont la précaution de se serrer fortement le poignet avec un mouchoir, puis, quand les douleurs arrivent, ils se contentent d'appliquer des compresses d'eau-de-vie camphrée. Cette affection, qui ne devient jamais

(1) Voir Ann. d'hygiène. 2ᵉ série. V. 13 et 17. Max-Vernois. De la main des ouvriers et des artisans.

plus grave, disparaît au bout de quelques jours. Je n'ai pas remarqué que les briquetiers fussent plus que d'autres, sujets à la fièvre intermittente, à la dysentérie, à la fièvre typhoïde, ni même au rhumatisme articulaire.

Voici maintenant une industrie qui a une grande influence sur la population de nos campagnes, je veux parler de la *Vannerie.*

Les environs de Vouziers comptent aujourd'hui un grand nombre de *vanniers*, et dans certains villages tels que Condé-les-Vouziers, etc., la fabrication des paniers est la principale occupation. Pour peu qu'on en ait l'habitude, on reconnait aisément à son teint, à sa faiblesse, à sa langueur, cette population qui passe sa vie dans de petites pièces où le soleil ne se montre jamais. Ces ouvriers choisissent pour travailler, souvent un sous-sol où l'air se tient frais en été, toujours la plus petite chambre de la maison, celle qu'ils chaufferont le plus facilement; au milieu, ils mettent un poêle en fonte qui, en hiver, est entretenu rouge pendant toute la journée. Ils ne respirent ainsi qu'un air vicié, pendant qu'ils s'étiolent dans ces réduits où la lumière n'a pas le droit de pénétrer. Ils sont pâles et d'une complexion chétive, exposés à la phthisie pulmonaire, à la scrofule et au rachitisme. Quel contraste frappant entre ces individus et le cultivateur qui, dans la même localité, brunit sous les ardeurs du soleil, et, après une journée fatigante, mange d'un appétit et dort d'un sommeil que ne connaît même pas le vannier! Peu de professions prédisposent autant aux maladies chroniques, et aux causes précédentes, j'en ajouterai encore deux autres : l'attitude pénible qu'ils sont obligés de prendre pour travailler (1), et l'insalubrité évidente de leurs ateliers qui, n'étant souvent ni pavés ni planchéiés, deviennent très-humides dans les saisons où on ne fait pas de feu. Je dois dire aussi que dans cette classe d'ouvriers, il se fait une grande consommation d'eau de vie (2).

Comme nous l'avons vu, la plupart, des habitants de l'arrondissement sont *cultivateurs*. Si cette profession offre les conditions les plus favorables à l'entretien de la santé, elle présente cependant plus d'un danger, résultant, soit d'une organisation défectueuse, soit d'une demeure mal construite ; mais je ne veux pas revenir sur ce point, ayant dit ailleurs ce que je pensais de ces habitations où le cultivateur perd les avantages d'une journée passée à l'air pur et vivifiant de la campagne. Je signalerai seulement un accident fréquent qui est dû à la manière dont les cultivateurs attachent leurs chevaux. Ils font pour cela un nœud, appelé dans le pays *nœud d'accouplage*, dans lequel ils sont obligés de passer le pouce avant de le serrer. Si à ce moment le cheval relève brusquement la tête, il enlève le pouce avec la corde. Tous les médecins du pays ont vu cet accident.

La plupart des cultivateurs de la Vallée de l'Aisne sont en même temps *vignerons*, et c'est là une profession qui a peu d'inconvénients. Les vignerons, il est vrai, sont ceux

(1) Il en résulte une démarche particulière qui les fait reconnaître de loin : ils ont les jambes arquées et les genoux en dehors.
(2) Je crois que dans les villages, comme Condé par exemple, où les occupations sont sédentaires, on a parfaitement raison d'encourager l'exercice corporel, les sociétés chorales, etc.; comme le pense M. Lagneau. (Académie de médecine, 18 septembre 1877.)

qui boivent le plus de vin, et au moment des vendanges, on voit de nombreux cas d'ivresse, préparés en partie par les gaz qui s'échappent des cuves où fermente le raisin. Il serait à désirer, pour prévenir des accidents plus graves, qu'on aérât mieux les celliers où se fait le vin.

Mouvement de la Population de l'Arrondissement de Vouziers.

Années	Hommes					Femmes				Total général
	Enfants et non mariés	Mariés	Veufs	Militaires	Total	Enfants et non mariées	Mariées	Veuves	Total	
1791	"	"	"	"	"	"	"	"	"	51 995
An IX 1800 1801	12 731	9 581	"	3 425	25 737	17 079	11 536	"	26 615	52 352
1806	14 521	9 790	992	1 786	27 089	16 098	9 856	2 005	27 959	55 048
1811	"	"	"	"	"	"	"	"	"	54 960
1816	"	"	,	"	"	"	"	"	"	55 043
1821	14 241	10 700	1 082	401	26 424	16 026	10 654	2 448	29 128	55 552
1826	,	"	,	"	"	"	"	"	"	58 200
1831	15 020	11 884	1 151	508	28 560	16 407	11 829	2 518	30 754	59 314
1836	16 079	12 214	1 180	"	29 473	16 529	12 177	2 658	31 364	60 837
1841	15 492	13 033	1 180	"	29 705	16 058	13 000	2 676	31 734	61 439
1846	15 522	13 620	1 243	"	30 385	15 730	13 548	2 711	31 989	62 374
1851	15 377	13 618	1 445	"	30 440	15 316	13 568	2 799	31 683	62 123
1856	,	"	,	"	"	"	"	"	"	60 738
1861	"	,	"	"	"	,	,	,	,	60 631
1866	"	,	,	"	29 220	"	"	"	29 712	58 932

Imp. Baroiise. Cour du Commerce. 10 et 12.

TROISIÈME PARTIE

ÉTAT CIVIL

CHAPITRE PREMIER.

MOUVEMENT DE LA POPULATION.

D'une façon générale la population de l'arrondissement de Vouziers ne subit que de faibles variations, ce qui tient à ce que l'industrie est peu importante et que l'agriculture occupe presque tous les bras. Dans les pays au contraire, où un commerce considérable emploie à certains moments un grand nombre d'ouvriers, ceux-ci sont obligés d'émigrer aussitôt que le travail chôme, ce qui explique dans ces pays les variations, souvent très-sensibles, dans le chiffre de la population.

Voici quel a été le mouvement de la population de l'arrondissement de Vouziers depuis 1791 :

(TABLEAU N° 3.)

Ce tableau donne comme résultat :

De 1836 à 1841	602	d'accroissement.
De 1841 à 1846	935	id.
De 1846 à 1851	251	de diminution.
De 1851 à 1856	1385	id.
De 1856 à 1861	107	id.

De 1836 à 1861	206	id.
De 1861 à 1866	1699	id.

Comme taux annuels de l'accroissement et de la diminution de la population, par 100 habitants, on trouve :

De 1836 à 1861	0,01 de diminution.	
De 1861 à 1866	0,56	id.

La population par cantons a varié de la façon suivante :

(TABLEAU N° 4.)

Celle des chefs-lieux de canton a été :

(TABLEAU N° 5.)

La population de la ville de Vouziers depuis 1789, a été :

En 1789	1200 habitants.	
1801	1535	—
1811	1866	—
1821	1988	—
1831	2003	—
1836	2101	—
1841	2410	—
1846	2771	—
1851	2862	—
1856	2888	—
1861	3136	—
1866	3073	—
1872	3059	—
1876	3458	—

On trouve comme accroissement annuel :

Tabl. N.º 4.

Population par Cantons.

Cantons	1811	1816	1835	1839	1841	1846	1876			
Attigny	6353	6396	6597	6887	6907	6960	6637			
Buzancy	8337	8361	8998	9003	8917	8954	7624			
Le Chesne	7230	7114	8033	8289	8280	8454	7255			
Grandpré	7945	7913	8686	9309	9591	9843	8558			
Machault	4034	3994	4750	4860	5020	5055	4899			
Monthois	6533	6675	9955	7008	6936	6951	5874			
Tourteron	5430	5396	5551	5504	5594	5643	4410			
1.º Vouziers	9080	9199	9744	9977	10122	10514	10149			

[illegible]	[illegible]	[illegible]	[illegible]
[illegible]	[illegible]	[illegible]	[illegible]
[illegible]	[illegible]	[illegible]	[illegible]
[illegible]	[illegible]	[illegible]	[illegible]
[illegible]	[illegible]	[illegible]	[illegible]
[illegible]	[illegible]	[illegible]	[illegible]
[illegible]	[illegible]	[illegible]	[illegible]
[illegible]	[illegible]	[illegible]	[illegible]
[illegible]	[illegible]	[illegible]	[illegible]

Population des chefs-lieux de canton.

	1791	1811	1816	1824	1828	1832	1838	1841	1846	1876
Attigny	900	1050	1046	1005	1070	1162	1258	1340	1392	1822
Buzancy	369	"	845	878	941	925	896	892	902	826
Le Chesne	1260	"	1167	1131	1264	1308	1500	1578	1599	1581
Grandpré	1300	"	1084	1232	1313	1215	1300	1456	1554	1321
Machault	546	"	557	653	673	682	732	744	784	641
Monthois	"	"	582	583	697	673	686	644	704	578
Tourteron	1000	"	635	657	676	659	643	672	666	577
Vouziers	1650	1880	1951	1988	1880	2003	2101	2363	2709	3458

Composition de la population de la Ville de Vouziers.

	Maisons	Ménages	Hommes	Femmes	Total	Moins de 21 ans	Plus de 21 ans	Français	Anglais	Allemands	Belges	Autres	Ne sachant ni lire, ni écrire	Sachant lire	Sachant écrire	Instruction inconnue	Agricult.	Industrie	Prof. libérales et rentiers	Autres
1866	524	894	1430	1640	3073	1086	1987	2955	2	8	95	13	567	27	2474	5	319	2110	525	119
1872	556	857	1417	1642	3059	949	2410	2958	"	"	"	101	482	"	"	"	141	2135	663	120
1876	564	980	1634	1824	3458	"	"	3340	"	3	87	28	"	"	"	"	236	2413	671	138

1789-1801	27,91	1846-1851	18,20
1801-1811	33,10	1851-1856	5,20
1811-1821	12,10	1856-1861	49,60
1821-1831	1,50	1861-1866	12,60
1831-1836	19,60	1866-1872	2,33
1836-1841	61,80	1872-1876	99,75
1841-1846	72,20		

La population de la ville de Vouziers est composée de la façon suivante :

Tableau n° 6.

D'après les tableaux 3 et 6, on voit que dans la ville de Vouziers et dans l'arrondissement en général, il y a toujours eu plus de femmes que d'hommes et que c'est en 1821 que cette différence a été plus grande, soit 29,128 femmes pour 24,424 hommes (pour l'arrondissement tout entier).

La guerre, telle est la cause principale qui a influé sur notre population. C'est ainsi qu'en 1856, grâce à la campagne de Crimée, nous voyons la population descendre de 62,123 à 60,738, et après la campagne d'Italie, le recensement donner le chiffre de 60,631 habitants au lieu de celui de 60,738 qu'il avait donné en 1856.

L'arrondissement de Vouziers est certainement un de ceux qui s'accroissent le plus lentement par l'excédant des naissances sur les décès.

Aujourd'hui la population de l'arrondissement est de 54,906 habitants.

CHAPITRE II.

MARIAGES.

En général, les hommes se marient vers 25 ans, les filles fréquemment lorsqu'elles ont atteint leur 20ᵉ année. Les unions précoces sont plus communes à la campagne où les jeunes gens se marient de bonne heure pour être plus tôt à même de diriger une maison d'exploitation. Le plus souvent les mariages ont lieu entre garçon et fille du même village, et trop souvent entre parents rapprochés, entre cousins-germains.

Voici qu'elles ont été à Vouziers, les unions conjugales. avec le degré d'instruction des époux :

Années.	Garçons et filles.	Garçons et veuves.	Veufs et filles.	Veufs et veuves.	Total.	Nombre de mariés qui ont signé leur nom :		Nombre de mariés qui ont signé une croix :	
						Femmes.	Hommes.	Femmes.	Hommes.
1866	14	1	1	1	17	15	16	2	1
1867	22	0	0	1	23	21	19	2	4
1868	12	1	2	0	15	15	15	0	0

Nombre des mariages depuis 1825 :

1825	13	1853	18
1826	15	1855	16
1827	13	1856	18
1828	12	1857	19
1829	15	1858	20
1830	9	1859	16
1831	7	1860	20
1832	12	1866	17

1833	8	1867	23
1834	12	1868	15
1835	29	1869	12
1836	20	1870	12
1836-1840	16,4	1871	15
1841-1845	19,2	1872	21
1846-1850	18	1873	23
1851	17	1874	37
1852	15	1875	24
		1876	20

Il est certain que dans les années où les récoltes sont abondantes, les familles étant plus riches, les mariages sont généralement plus fréquents ; et cependant, entre le nombre des mariages et le prix du blé pendant 73 années consécutives, je n'ai pu établir aucune corrélation. Dans notre arrondissement, où presque tout le monde est cultivateur, quand le prix du blé augmente, le producteur qui vend un peu plus cher en souffre peu. Ces variations ne pourraient donc guère avoir d'importance que pour l'individu qui ne cultive pas lui-même : or, à Vouziers, où il y a peu de cultivateurs, on ne doit cependant attacher aucune importance au prix du blé pour ce qui est de la fréquence des mariages. J'en dirai autant des naissances et des décès.

CHAPITRE III.

NAISSANCES.

C'est à la campagne qu'on voit les mariages les plus féconds ; on y trouve encore de grosses familles qui

Guelliot.   5 deviennent il est vrai de plus en plus rares : le plus souvent on ne compte guère que deux ou trois enfants par ménage.

Voici d'abord un tableau indiquant le mouvement des naissances à Vouziers depuis 1825 :

TABLEAU N° 7.

Les naissances se répartissent de la façon suivante, entre les mois de l'année : (moyennes sur 100 naissances annuelles).

Janvier.	Février.	Mars.	Avril.	Mai.	Juin.	Juillet.	Aoūt.	Septembre.	Octobre.	Novembre.	Décembre.
6,25	4,68	14,09	6,25	14,09	10,93	1,56	10,93	7,81	9,71	4,68	9,71

C'est donc dans les mois de mars et de mai que les naissances sont les plus fréquentes. Mais, de même que pour les mariages, il m'a été impossible d'établir une relation quelconque entre le nombre des naissances et l'aisance plus ou moins grande des parents, la cherté ou l'abondance des vivres.

Le nombre des naissances naturelles a beaucoup augmenté. Ainsi tandis qu'on en trouve aucune en 1825, 1826, 1827, en 1867, on en compte 14.5 pour 100 et en 1872, 84.9. Le nombre en est incomparablement plus faible à la campagne.

Mort-nés.

Le nombre des enfants mort-nés est également plus considérable à la ville que dans les villages.

Mouvement des Naissances dans la Ville de Vouziers.

Années	Légitimes			Naturelles			Total		Total général
	Garçons	Filles	Total	Garçons	Filles	Total	Garçons	Filles	général
1825	27	23	50	0	0	0	27	23	50
1826	21	24	45	0	0	0	21	24	45
1827	24	31	55	0	0	0	24	31	55
1828	31	16	47	1	0	1	32	16	48
1829	30	25	55	1	0	1	31	25	56
1830	21	17	38	0	0	0	21	17	38
1831	20	20	40	1	1	2	21	21	42
1832	26	23	49	1	1	2	27	24	51
1833	27	23	50	3	1	4	30	24	54
1834	32	17	49	0	1	1	32	18	50
1835	24	23	47	1	1	2	25	24	49
1836	18	22	40	1	1	2	19	23	42
1836-40	23 , 2	25 , 6	48 , 8	1	0 , 6	1 , 6	24 , 2	26 , 2	50 , 4
1841-45	32 , 4	29 , 0	61 , 4	1 , 8	3 , 4	5 , 2	34 , 2	30 , 6	64 , 8
1846-50	30 , 4	34 , 6	65	1 , 8	1 , 8	3 , 6	32 , 2	36 , 4	63 , 4
1851	43	34	77	3	0	3	46	34	80
1852	38	33	71	5	3	8	43	36	79
1853	37	25	62	2	0	2	39	25	64
1855	30	40	70	1	0	1	31	40	71
1856	39	31	70	2	3	5	41	39	75
1857	33	35	68	2	4	6	35	39	74
1858	44	43	87	4	1	5	48	44	92
1859	38	44	82	6	0	6	44	44	88
1860	38	33	71	4	4	8	42	37	79
1866	23	30	63	1	4	5	34	34	68
1867	32	30	62	4	5	9	36	35	71
1868	27	32	59	4	5	9	31	37	68
1869	27	28	55	2	0	2	29	28	77
1870	23	31	54	3	2	6	26	33	59
1871	33	32	65	4	2	6	37	34	71
1872	25	38	63	4	2	6	29	40	69
1873	33	39	72	7	5	12	40	44	84

Mouvement des mort-nés à Vouziers depuis 1853 :

Années.	Légitimes.			Naturels.			Total.		
	Garçons.	Filles.	Total.	Garçons.	Filles.	Total.	Garçons.	Filles.	Total.
1853	4	3	7	1	0	1	5	3	8
1855	0	3	3	0	0	0	0	3	3
1856	2	0	2	0	0	0	2	0	2
1857	2	0	2	0	0	0	2	0	2
1858	1	1	2	0	0	0	1	1	2
1859	3	2	5	0	0	0	3	3	6
1860	3	1	4	0	0	0	3	1	4
1866	0	1	1	1	1	2	1	2	3
1867	1	2	3	0	0	0	1	2	3
1868	1	2	3	0	0	0	1	2	3
1869							2	1	3
1870							2	0	2
1871							2	2	4
1872							2	1	3
1873							2	1	3

On voit que les mort-nés sont proportionnellement plus fréquents parmi les enfants naturels ; mais il ne faut pas oublier que les mort-nés sont les enfants qui ont succombé avant la déclaration. Il en résulte, que cette déclaration se faisant plus ou moins vite, les résultats que fournit la statistique des mort-nés ne sont pas toujours très-probants.

Notre pays passe pour un des moins féconds : on y compte environ 2,83 naissances par mariage. Il ne fait partie ni de ceux qui ont le plus ni de ceux qui ont le moins de naissances naturelles ; il est au contraire au nombre de ceux qui ont le plus de mort-nés (1).

(1) Pour ce qui concerne le département tout entier, voir Bertillon, Démographie figurée de la France.

Remarquons en finissant que de même que le chiffre de la population et celui des mariages, le nombre des naissances varie peu d'une année à l'autre,

---

CHAPITRE IV.

MORTALITÉ.

Tableau des décès de la ville de Vouziers depuis 1825.

Années.	Hommes.	Femmes.	Total.
1825	16	12	28
1826	10	9	19
1827	3	5	8
1828	9	14	23
1829	14	13	27
1830	14	5	19
1831	13	12	25
1832	8	9	17
1833	6	8	14
1835	2	12	20
1836	21	21	42
1836-40	23,0	21,2	44,2
1841-45	21,4	27,6	49,0
1846-50	31,2	34,2	65,2
1851	23	31	54
1852	33	26	59
1853	40	34	74
1855	25	27	53
1856	25	21	46
1857	26	35	61
1858	26	24	50
1859	65	56	121
1860	23	28	51
1866	35	35	70

Années.	Hommes.	Femmes.	Total.
1867	27	33	60
1868	29	30	59
1869	32	39	71
1870	58	36	95
1871	79	28	97
1872	28	29	57
1873	27	29	56
1874	))	))	67
1875	))	))	71
1876	))	))	79

Le minimum a été en 1827, où il n'y a eu que 0.39 décès pour 100 habitants ; et le maximum en 1859 4.18 décès pour 100 habitants.

Les décès se sont répartis de la façon suivante selon l'état civil :

Années.	Célibataires.			Mariés.			Veufs et veuves.		
	Hommes.	Femmes.	Total.	Hommes.	Femmes.	Total.	Hommes.	Femmes.	Total.
1853	20	17	35	15	10	25	5	7	12
1855	18	11	29	4	7	11	4	9	13
1856	13	11	24	8	5	13	4	5	9
1857	15	15	30	8	8	16	3	12	15
1858	16	10	26	7	7	14	3	7	10
1859	41	30	71	18	16	33	6	10	16
1860	15	13	28	3	8	11	5	7	12
1866	19	14	33	10	9	19	6	12	18
1867	11	13	24	10	8	18	9	12	18
1868	11	16	27	13	8	21	5	6	11

Le tableau suivant fait connaître les décès par mois : (moyenne pour 100 décès).

Janvier.	Février.	Mars.	Avril.	Mai.	Juin.	Juillet.	Août.	Septembre.	Octobre.	Novembre.	Décembre.
9,46	8,10	8,10	9,46	18,91	10,81	4,05	6,75	2,70	8,10	5,40	8,10

C'est donc au printemps que nous avons le plus de morts : c'est qu'en effet cette saison est très-variable, souvent froide et humide, caractérisée par de brusques changements de température. Le mois de septembre, qui offre au contraire le minimum de décès, est généralement notre plus beau mois. J'ai déjà parlé de cette influence des saisons sur la santé publique.

Les habitants de la campagne, dont les jours passent tranquillement et dont tous les instants sont égaux, vivent plus longtemps que ceux de la ville; c'est chez eux qu'on trouve quelques exemples remarquables de longévité: Content, qui mourut à Lacroix en 1760 à l'âge de 121 ans 9 mois; Étienne Mabillon (le père de Mabillon) qui mourut à Saint-Pierremont à 108 ans, et son père qui vécut jusque 116 ans. Les habitants des pays accidentés, montagneux, vivent plus longtemps que ceux des plaines. Parmi les villages qui possédent le plus de vieillards, on peut mettre au premier rang *les pays sous les Monts*, admirablement placés au pied d'une montagne qui les garantit des vents de l'Ouest, et possédant les avantages dont j'ai parlé.

D'une manière générale, si on voit peut-être aujourd'hui moins de vieillards arrivés à un âge très-avancé, la vie moyenne est certainement devenue plus longue.

Il est non moins certain que le travail dans les champs augmente les forces en même temps que l'aisance : c'est ainsi qu'il y a plus de centenaires dans le Nord que dans le Midi, parce qu'on est obligé d'y travailler davantage pour vivre.

Les enfants de 0 à 1 an fournissent un contingent énorme à la mortalité : il en meurt au moins 180 pour 1000, principalement en été, lorsque règne le choléra infantile ; vers 20 ans on meurt peu, et les individus qui arrivent à 60 ans sont souvent de beaux vieillards qui vivent encore pendant plusieurs années sans infirmités. Du reste, selon M. Bertillon, les seuls départements où on voit moins de décès que dans les Ardennes, chez les vieillards, sont : la Meuse, les Bouches du Rhône et l'Hérault. Le département des Ardennes a donc le n° 4 dans sa statitistique. (1)

(1) Bertillon, Démographie figurée de la France.

QUATRIÈME PARTIE

STATISTIQUE DU RECRUTEMENT

CHAPITRE PREMIER

DE LA TAILLE

A. — *Moyenne de la taille.*

Les provinces de l'Est de la France ont toujours eu le privilége de fournir à l'armée des hommes de haute taille; en particulier pour l'artillerie et la grosse cavalerie; et Foissac, en étudiant la statistique du conseil de révision, remarque que toutes les provinces qui tiennent le premier rang pour la taille sont au Nord de la France, et que la taille diminue à mesure qu'on s'avance vers le Midi (1).

Si, comme nous l'avons dit, on fait passer une ligne au Sud et à l'Ouest de la Somme, de l'Oise, de la Seine et Oise, de la Seine et Marne, de l'Aube, de la Côte-D'or, et du Jura, on limite une zone qui comprend 21 départements et c'est dans cette zone que les Français sont le plus grands. Ainsi, de 1831 à 1849, les six départements qui ont eu le moins de réformés pour défaut de taille, sont :

(1) Foissac. Influence des climats sur l'homme, 1867.

Moyenne de la taille dans l'arrondissement de Vouziers.

Cantons	Période de 1835 à 1839.					Période de 1850 à 1860.												Période de 1871 à 1875.					Moyenne générale.
	1835	1836	1837	1838	Moyenne pour la période	1850	1851	1852	1853	1854	1855	1856	1857	1858	1859	1860	Moyenne pour la période	1871	1872	1873	1874	Moyenne pour la période	
Attigny	1.652	1.683	1.668	1.678	1.670	1.663	1.669	1.640	1.662	1.668	1.654	1.673	1.667	1.674	1.679		1.664	1.668	1.672	1.679	1.657	1.669	1.667
Buzancy	1.659	1.648	1.650	1.653	1.647	1.658	1.657	1.653	1.674	1.658	1.647	1.650	1.651	1.685	1.678		1.660	1.664	1.665	1.653	1.668	1.662	1.656
Le Chesne	1.652	1.647	1.647	1.642	1.647	1.661	1.668	1.664	1.686	1.647	1.674	1.648	1.658	1.663	1.685		1.665	1.674	1.676	1.677	1.678	1.676	1.662
Grandpré	1.636	1.644	1.660	1.663	1.650	1.656	1.668	1.679	1.655	1.672	1.653	1.653	1.660	1.653	1.644		1.659	1.661	1.657	1.653	1.663	1.658	1.655
Machault	1.660	1.640	1.658	1.654	1.655	1.670	1.671	1.659	1.691	1.685	1.682	1.670	1.665	1.671	1.669		1.672	1.679	1.683	1.671	1.669	1.675	1.667
Monthois	1.656	1.640	1.664	1.649	1.652	1.661	1.678	1.668	1.655	1.672	1.693	1.828	1.705	1.673	1.678		1.672	1.663	1.674	1.670	1.664	1.667	1.663
Tourteron	1.648	1.646	1.662	1.656	1.652	1.674	1.657	1.658	1.657	1.656	1.665	1.647	1.658	1.658	1.662		1.662	1.683	1.675	1.653	1.678	1.672	1.662
Vouziers	1.662	1.643	1.662	1.675	1.660	1.675	1.664	1.670	1.664	1.672	1.669	1.648	1.672	1.656	1.665		1.665	1.673	1.664	1.670	1.682	1.672	1.665
Moyenne pour l'arrondissement	1.650	1.650	1.658	1.653	1.654	1.664	1.670	1.661	1.668	1.665	1.667	1.652	1.667	1.666	1.669		1.664	1.670	1.674	1.665	1.667	1.669	1.662

le Doubs, le Jura, la Côte-d'Or, le Nord, la Somme, les Ardennes (1). Presque tous les départements en tête de la liste sont ceux qui font partie de la zone kimrique, dans laquelle le nombre moyen des individus réformés pour défaut de taille est de 42.8 pour 1000, tandis que qu'il est de 89.3 pour 1000 dans la zone celtique.

La race est, je crois, ce qui influe le plus sur la taille ; mais je pense que la richesse, le climat, les montagnes, la nourriture, l'hygiène générale, peuvent influer, d'une manière secondaire, il est vrai, mais cependant réelle.

Le tableau suivant indique la moyenne de la taille par canton dans l'arrondissement de Vouziers, à 3 périodes: de 1835 à 1839, de 1850 à 1860, de 1871 à 1875.

(Tableau n° 8).

En résumé la moyenne est de 1^{m}662 : c'est un chiffre élevé, et l'arrondissement compte au nombre de ceux qui fournissent la plus haute taille. Si on prend une année au hasard, 1858 par exemple, on voit que dans cette année la taille moyenne de la France fut de 1^{m}652 et celle de l'arrondissement de Vouziers 1^{m}666. C'est un chiffre fort remarquable, surtout si on passe en revue les contrées qui produisent d'habitude les plus grands hommes. Dans cette même année, 1858, la taille moyenne du Bas-Rhin fut de 1^{m}664, et celle du Haut-Rhin 1^{m}658. De tout temps il en a été ainsi : de 1835 à 1849 Foissac fait remarquer que si en Lorraine et en Alsace la taille

(1) Broca. Mémoires de la Société d'anthropologie. V. 1.

moyenne a été de 1m667 et même 1m683 dans la Moselle, la province qui vient ensuite est la Champagne où la moyenne a été 1m667.

B. — *Mouvement de la taille*. (1)

Le tableau précédent fait voir de grandes différences entre les 8 cantons de l'arrondissement. Pour les étudier plus facilement, j'ai classé les cantons non par ordre alphabétique, mais par numéro d'ordre.

(TABLEAU n° 9).

De 1835 à 1839 le canton d'Attigny est celui qui a la taille la plus élevée; c'était alors le canton le plus riche. Les individus élevés dans l'aisance, en même temps qu'avec des habitudes de travail, avaient les enfants les plus forts et les plus grands de l'arrondissement.

Dans les années suivantes, la richesse et le bien-être ne continuant plus à s'accroître dans le mêmes proportions, et ce même bien-être laissant s'engourdir des qualités qui avaient été si efficaces dans le principe, nous voyons ce canton n'avoir plus que le cinquième rang dans les deux périodes qui suivent. D'autres cantons s'améliorent au contraire d'une façon évidente. Machault dans la première période n'avait qu'une moyenne de 1m655, avec le n° 3. A cette époque ce canton était encore pauvre, *la craie* ne fournissait aux Champenois

---

(1) Il est remarquable de voir en parcourant les registres du conseil de révision que si la taille moyenne augmente, c'est grâce à l'élévation des petites tailles; les grandes tailles deviennent au contraire de plus en plus rares.

Mouvement de la taille dans l'arrondissement de Vouziers.

1835 - 1839		1850 - 1860		1871 - 1875		Moyenne générale	
Attigny	1.670	Machault	1.672	Le Chesne	1.676	Attigny	1.667
Vouziers	1.660	Monthois	1.672	Machault	1.675	Machault	1.667
Machault	1.655	Le Chesne	1.665	Tourteron	1.672	Vouziers	1.665
Monthois	1.652	Vouziers	1.665	Vouziers	1.672	Monthois	1.663
Tourteron	1.652	Attigny	1.664	Attigny	1.669	Le Chesne	1.662
Grandpré	1.650	Tourteron	1.662	Monthois	1.667	Tourteron	1.662
Buzancy	1.647	Buzancy	1.660	Buzancy	1.662	Buzancy	1.656
Le Chesne	1.647	Grandpré	1.659	Grandpré	1.658	Grandpré	1.655
Arrondissement	1.654	Arrondissement	1.664	Arrondissement	1.669	Arrondissement	1.662

qu'une nourriture insuffisante, et rien n'était triste comme
ces vastes plaines presque sans aucune végétation. Aussi
le Champenois connut-il de bonne heure le travail, car
c'est au prix des plus grands labeurs qu'il parvint à
transformer ce pays aride en plaines fertiles. Travaillant
sans relâche pour surmonter les plus grandes difficultés,
il devint riche, et c'est à mesure que l'aisance] augmente
que nous voyons croître la taille :

> De 1835 à 1839 : taille moyenne 1,655 (n° 3).
> De 1850 à 1860 :   1,672 (n° 1).
> De 1871 à 1875 :   1,675 (n° 2).

On peut prédire de plus que ce canton continuera à
fournir les plus beaux hommes, car, comme je l'ai déjà
dit, le terrain oblige les habitants à un travail incessant.
A cause donc de son terrain le Champenois continuera
à travailler, à cause de son travail son aisance est aujourd'hui assurée, et pour ces deux raisons, c'est là une
race qui ne doit pas décroître.

Au bas de chaque colonne, nous voyons au contraire
les cantons les plus pauvres. Ce sont les pays des bois,
où un travail plus pénible et un sol moins propice ne
donnent pas cette aisance qu'on remarque en Champagne
et dans la vallée de l'Aisne.

En résumé, le maximum de la taille est dans les deux
cantons d'Attigny et de Machault, et la taille est au contraire moins élevée dans la région montagneuse et boisée
où sont les canton les plus pauvres. Je dois dire du reste
que le canton où l'on retrouve surtout le type Kimris
est celui de Machault; celui de Monthois, qui s'en rap-

proche le plus, occupe un assez bon rang dans la moyenne générale.

Disons donc que les habitants de l'arrondissement de Vouziers présentent une taille élevée qu'ils doivent à une influence de race; que les cantons présentent entre eux des différences notables qui doivent être rapportées au genre de vie et à la richesse plus ou moins grande de chacun d'eux.

Enfin la courbe (Tableau n° 10) fait voir d'un seul coup d'œil les variations qu'a subies la taille,

On voit que la taille qui en 1822 était de 1^m647 est devenue 1^m667 en 1874, et qu'en définitive le taille augmente.

Pendant les guerres de la république et de l'empire il n'y avait guère que les individus infirmes, scrofuleux, etc., qui pouvaient se marier, il n'est pas étonnant qu'ils aient eu des enfants d'une taille inférieure : ce qui explique la taille peu élevée dans les premières années de ma courbe.

C. — Cas de réforme pour défaut de taille.

Si la taille augmente d'une façon générale, il n'en existe pas moins tous les ans un certain nombre de cas de réforme pour défaut de taille.

Courbe de la Taille dans l'Arrondissement de Vouziers

1822 1832 1835 1836 1837 1838 1840 1850 1851 1852 1853 1854 1855 1856 1857 1858 1859 1871 1872 1873 1874

1.676
1.674
1.672
1.670
1.668
1.666
1.664
1.662
1.660
1.658
1.656
1.654
1.652
1.650
1.648
1.646
1.644

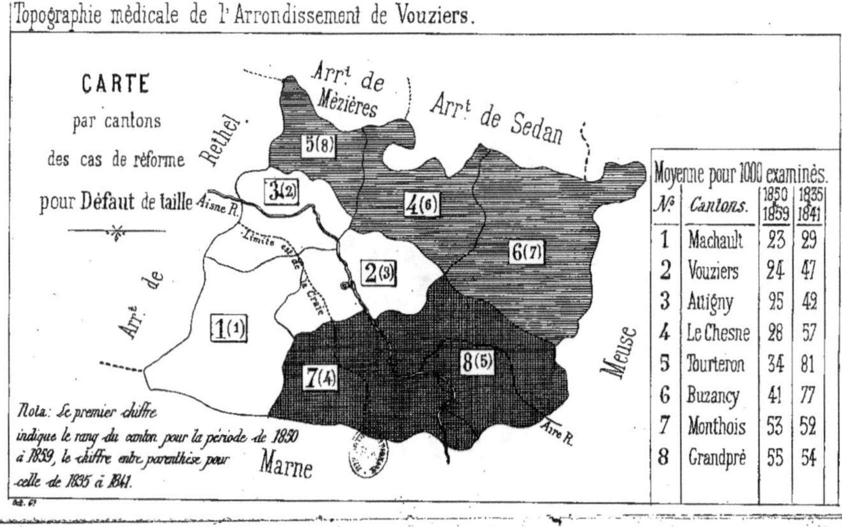

Moyenne pour 1000 examinés.			
N°	Cantons.	1850 1859	1835 1841
1	Machault	23	29
2	Vouziers	24	47
3	Attigny	25	42
4	Le Chesne	28	57
5	Tourteron	34	81
6	Buzancy	41	77
7	Monthois	53	52
8	Grandpré	55	54

Cas de réforme pour défaut de taille.

(Moyenne sur 1000 examinés).

Cantons	1823 et 1832 (1)	1835 à 1841	1850 à 1859
Attigny	142	42	25
Buzancy	46	57	41
Le Chesne	117	77	28
Grandpré	83	54	55
Machault	51	29	23
Monthois	96	52	53
Tourteron	217	81	34
Vouziers	139	47	24
Moyennne générale	106	56	36

Le nombre d'individus ainsi réformés diminue donc considérablement d'année en année. Les cantons qui sont le plus favorisés sous ce rapport sont aussi généralement ceux qui ont la taille la plus élevée. Au contraire le canton de Grandpré, l'un de ceux qui ont le plus de réformés pour cette cause, tient le dernier rang pour la taille moyenne. D'une façon générale on peut donc dire, sur ce point, ce que j'ai dit de la moyenne de la taille.

De 1850 à 1859 il y eut dans les Ardennes 32 réformés pour défaut de taille sur 1000 examinés.

Il est remarquable que le nombre des jeunes gens inscrits sur les registres du conseil de révision, tend à diminuer tous les ans, ainsi :

En 1840	la classe était de		617
1850	—	—	576
1860	—	—	517
1871	—	—	476
1872	—	—	444
1873	—	—	431
1874	—	—	432

Différence entre 1840 et 1874 = 185.

(1) Voir pour ces deux années la fin du chapitre suivant.

J'attache autant d'importance à l'étude des cas de réforme pour défaut de taille, qu'à la moyenne de la taille que j'ai indiquée précédemment. Car sur les registres des conseils de révision lorsqu'un individu est réformé pour taille insuffisante, on se contente de mettre vis-à-vis son nom : *défaut de taille* sans mettre un chiffre indiquant cette taille. Par moyenne générale (tableaux 8, 9, 10) j'entends donc la moyenne de la taille de individus non réformés pour taille insuffisante.

CHAPITRE II.

DES CAS DE RÉFORME.

A. — *Moyenne des cas de réforme.*

J'ai cherché d'abord quels avaient été les cas de réforme par canton et pour trois périodes. Je n'ai pas consigné ici mes résultats pour les dernières années parce que, d'après la dernière loi militaire, tous les conscrits sont examinés, tandis qu'auparavant on n'examinait pas les derniers numéros :

(TABLEAU XI).

Pendant ces trois périodes plusieurs cantons n'ont pu fournir leur contingent. A Tourteron, en 1853, il a manqué un homme, le nombre des jeunes gens étant 40 et le chiffre de contingent 17. Au Chesne, en 1855, il a manqué 2 hommes, le nombre de jeunes gens inscrits étant 73, et celui du contingent 30. En 1857, dans le même

canton, il a manqué 4 hommes, le chiffre à fournir étant 22, et le contingent 64. La même année, il a manqué à Grandpré 8 hommes, nombre d'inscrits 94, contingent 34. En 1858, à Buzancy, il a manqué 2 hommes, inscrits 79, contingent 34. Enfin en 1859, à Grandpré, il a manqué 4 hommes pour fournir 26 soldats, le nombre des jeunes gens inscrits étant de 80.

En 1858, trois cantons ont été jusqu'au dernier numéro pour fournir le contingent, ce sont ceux de Machault, de Monthois et de Vouziers : le nombre des conscrits étant : 42, 72, 91, celui des contingents : 12, 28, 36.

B. — *Des cas de réforme en particulier.*

L'un des cas de réforme les plus fréquents est sans contredit la *faiblesse de constitution* qui même semble augmenter de plus en plus. Ainsi sur 1000 examinés, on trouve, dans la première période 29 réformés pour cette cause; dans la deuxième période 103; et dans la troisième 121.

Les individus réformés pour faiblesse de constitution appartiennent le plus souvent à des professions sédentaires : tels sont les peigneurs, les fileurs et les tisseurs pour le canton de Machault, mais surtout les vanniers dans les villages de la vallée de l'Aisne. (1) Pour ce qui est des vanniers, je renvoie à ce que j'ai dit au chapitre *Hygiène*, en faisant remarquer toutefois que quelques-uns n'embrassent cette profession que parce qu'ils sont natu-

(1) Un grand nombre de bûcherons sont également réformés pour faiblesse de constitution. On doit incriminer ici non une profession sédentaire, mais une trop grande fatigue et une nourriture insuffisante.

rellement d'une santé trop délicate pour s'occuper d'autre chose.

Les maladies des yeux ne sont pas très-fréquentes, et il en est de même des maladies de la peau : teignes, dartres, etc. Les mauvaises dentures sont, au contraire, très-communes ; au chap. *Pathologie*, je rapporterai ce vice de constitution à deux causes principales : la race et les boissons acides.

Le crétinisme est excessivement rare, puisque je n'en trouve qu'un cas dans mes trois périodes; le goître n'est guère plus commun : 41 cas seulement, soit 6,12 pour 1,000 examinés.

Les mutilations sont fréquentes; elles sont accidentelles ou volontaires, ces dernières étant très-rares. Les mutilations arrivent dans les quelques établissements industriels que nous possédons, mais beaucoup plus souvent dans les travaux des champs et dans les forêts. Le canton de Grandpré est un de ceux qui comptent chaque année le plus de réformés pour cette cause.

Les maladies des organes génitaux, le varicocèle surtout, sont en très-grand nombre.

Les *hernies* constituent certainemeut un des cas de réforme les plus fréquents.

(TABLEAU XII).

Je m'expliquerai, au chap. *Pathologie*, sur cette fréquence considérable des hernies dans notre pays. Les individus réformés pour cette infirmité sont fréquemment des cultivateurs, des scieurs de long, des charrons, des boulangers, en un mot des individus que leur profession expose aux *hernies de force ;* ou bien des cordon-

Tableau des Réformes pour Hernies.
Moyenne sur 100 examinés.

Cantons :	1823	1832	1835	1836	1837	1838	1839	1840	1850	1851	1852	1853	1854	1855	1857	1856	1858	1859	1860	1871	1872	1873	1874
Attigny	0	0	0	2.77	0	0	0	3.33	4.44	0	5.26	0	3.12	1.85	9.37	4.00	5.66	0	5.36	1.72	9.09	0	0
Buzancy	0	0	0	2.27	1.66	2.43	0	0	7.01	0	2.77	0	2.00	6.15	0	4.17	1.25	4.08	3.16	8.69	1.42	4.16	1.17
Le Chesne	0	0	0	6.66	0	1.75	0	0	5.08	4.16	2.32	0	5.66	3.33	3.11	1.75	0	4.76	2.60	3.33	1.81	0	0
Grandpré	2.03	0	0	2.32	0	0	5.18	0	6.34	0	0	5.33	1.28	2.53	6.06	1.42	0	1.25	0	6.52	1.36	1.44	0
Machault	8.33	0	0	0	0	3.12	0	0	12.56	0	0	0	2.56	4.54	0	4.44	0	0	5.26	3.57	6.82	4.76	0
Monthois	0	3.44	0	0	0	2.32	2.85	0	6.06	0	0	1.75	5.55	0	0	0	1.38	2.00	0	14.28	0	2.50	0
Courtéron	0	0	0	0	0	7.40	0	2.57	0	0	0	2.50	3.03	0	2.27	0	3.63	0	0	5.88	0	0	5.4
Vouziers	0	0	0	2.43	0	1.63	3.07	0	8.62	5.00	0	2.18	5.26	2.73	3.94	0	0	1.20	4.61	3.84	2.60	0	0
Moyenne pour l'arrondissement	1.03	0.35	0	2.18	0.29	2.03	1.86	0.54	6.50	1.23	1.17	1.21	3.72	2.27	3.52	1.93	1.29	1.84	2.25	5.46	2.70	1.62	0.69

niers, des vanniers, etc., qui à cause de leur infirmité ont choisi une profession qui demande peu d'efforts.

En résumé, pendant les trois périodes, il y a eu, sur 1,000 examinés, 336 réformés, savoir :

1re période	213
2e période	309
3e période	359

Les cas de réforme ont donc sensiblement augmenté.

Pour ce qui est des cas de réforme pour défaut de taille et pour infirmités, les deux années de 1823 et 1832 ne devraient pas être comparées aux deux périodes suivantes, parce que, comme je l'ai dit, les jeunes gens qui ont tiré au sort à cette époque étaient fils de scrofuleux, d'infirmes, etc. Ce n'est qu'en 1815 que les hommes échappés au canon se sont mariés et ont eu des enfants forts; ce n'est donc que vers 1835 qu'aurait dû commencer mon travail. A ce moment seulement renaît l'agriculture et partant l'aisance dans les pays qui, comme l'arrondissement de Vouziers, avaient été dévastés par toutes les invasions de l'étranger. J'ai cependant conservé ces deux années pour montrer que, malgré ce que je viens de dire pour 1832, et surtout pour 1823, s'il y avait à cette époque plus de réformés qu'aujourd'hui pour défaut de taille, il y en avait moins de réformés pour infirmités :

Moyenne sur 1000 examines :

	Réformés pour défaut de taille.	Réformés pour infirmités.
1re période.	106	213
2e période.	56	399
3e période.	36	359

Guelliol.

Cependant, pour avoir une idée exacte de la situation actuelle, je conseille surtout de comparer entre elles les deux dernières périodes ; on y verra que, pendant que les défauts de taille diminuent, les infirmités augmentent.

Pour ma 3ᵉ période, 1850 à 1859 (pour tout le département des Ardennes), il y a eu 602 conscrits aptes au service militaire sur 1,000 examinés, ce qui donnait au département le numéro 78. Dans 75 départements, les cas de réforme avaient augmenté de nombre depuis la période précédente.

Résumant cette quatrième partie, je dois dire : la taille augmente, le nombre des cas de réforme pour défaut de taille diminue, le nombre des cas de réforme pour infirmités augmente.

CINQUIÈME PARTIE

PATHOLOGIE

Dans chaque pays, les maladies offrent un caractère particulier, une fréquence plus ou moins grande, selon la localité, le terrain, les professions, le genre de vie, etc. Aussi est-ce surtout à ce point de vue que je vais étudier : 1° les *maladies épidémiques*, 2° les *maladies endémiques*, 3° les *maladies sporadiques*.

CHAPITRE PREMIER.

MALADIES ÉPIDÉMIQUES.

Comme tous les pays, le nôtre a été ravagé par des épidémies qui semblent avoir été plus meurtrières que celles qu'on voit aujourd'hui :

A. *Dysentérie.*

Les épidémies de dysentérie sont fréquentes, et tous les ans, ou à peu près, cette maladie sévit plus ou moins fort dans nos contrées au moment des chaleurs.

En 1792, après la bataille de Lacroix-aux-Bois (1),

(1) Moniteur de 1792. Lettre de Dumouriez.

l'armée prussienne fut décimée par la contagion, à ce point que, dans le seul hôpital de Grandpré, le 30 septembre, l'ennemi avait 8,000 hommes atteints de dysentérie, et que ses camps abandonnés ressemblaient à des cimetières. Le Dr Chamseru, médecin de l'armée française, a donné une histoire intéressante des maladies castrales qui régnèrent dans l'armée française et dans l'armée ennemie à cette époque (1) :

« A un été pluvieux avait succédé un automne frais et humide; ces intempéries jointes aux privations furent la cause principale des maladies qui se développèrent en 1792. Le 20 septembre l'armée ennemie fut arrêtée dans sa marche à l'affaire mémorable de Grandpré. Dix jours après, se voyant privée de tout moyen d'existence dans son fameux camp de la Lune, elle prit le parti de se retirer et d'évacuer le pays envahi. Mais durant les 22 jours employées à sa retraite, la mortalité fut telle parmi les troupes qu'elle perdit au moins la moitié de ses hommes et de ses chevaux. Les hôpitaux étaient encombrés de soldats atteints d'un flux de ventre bilieux dysentérique qui ne tarda pas à se communiquer à l'armée française où elle exerça ses ravages jusqu'au mois d'octobre. »

Il est remarquable qu'une épidémie est souvent suivie d'une autre épidémie. Ainsi, celle de 1792 fut suivie d'une fièvre castrale (typhus) qui ne fut pas moins meurtrière. La dysentérie qui désola l'armée anglaise en 1743, et qui recommença en 1750, fut suivie d'une épidémie de petite vérole et de rougeole qui régna jusqu'au commencement de 1751; et au printemps de cette année on vit apparaître une des plus violentes épidémies de scarlatine; le Dr Xavier en a donné la relation dans le *Journal général de médecine* (2).

(1) Ozanam. V: 3.
(2) Ozonam, loc. cit.

En 1859, notre pays fut atteint par la dysentérie; il mourut 1 malade sur 20. La plupart des individus qui succombèrent étaient des vieillards de 65 à 70 ans.

En 1861, 5 communes de l'arrondissement furent également désolées par l'épidémie.

Je serais plutôt de l'avis du Dr Chamseru que de l'opinion des médecins qui suivirent l'armée en 1792, et qui attribuaient aux fruits l'apparition de la dysentérie. De même qu'en 1743, les soldats anglais ne se guérirent, ou du moins ne se préservèrent de la dysentérie que le jour où ils purent manger des raisins à volonté, de même encore aujourd'hui on voit d'autant moins cette maladie que les arbres ont donné plus de fruits. Je crois devoir attacher beaucoup plus d'importance à l'usage d'eaux bourbeuses, croupissantes, d'eaux telles que celles de la Champagne, qui, en été, grâce à l'évaporation, deviennent tellement chargées de sels calcaires qu'elles sont vraiment d'une digestion difficile. Cette maladie est, en effet, plus fréquente en Champagne, surtout dans les parties basses du canton de Machault, et les villages où on la voit le plus souvent sont Saint-Étienne, Saint-Pierre, Saint-Clément, Hauviné, Semide. Les nuits froides succédant à des journées brûlantes sont une des causes de la fréquence de la dysentérie chez les personnes qui, comme les cultivateurs, sont obligées de sortir pendant le jour, ce qui explique pourquoi l'homme est plus souvent atteint que la femme. Je saisis encore une fois l'occasion qui se présente : qu'on remplace donc l'eau plus ou moins altérée de l'été par une infusion de café, qui serait d'un si grand secours si on voulait le comprendre. Je voudrais voir le café remplacer non-seulement l'eau de la Champagne, mais aussi l'eau, pure il est vrai, mais trop froide, que, dans le reste de l'arrondissement, on boit sans ménagement, et qui, à cause même de sa fraîcheur, peut nuire dans les grandes chaleurs de l'été.

Les déjections dysentériques, enfin, contribuent à la propagation de la maladie, et il doit en être ainsi surtout en Champagne, où la craie, se laissant traverser facilement par l'eau et les déjections, celles-ci peuvent aisément se disséminer au loin.

B. — Choléra asiatique.

L'arrondissement de Vouziers a été plusieurs fois visité par le *choléra asiatique.*

Voici quelles furent, en 1832, les communes les plus éprouvées.

Communes.	Population.	Début.	Fin.	Malades.	Décès.
Le Chesne	1308	30 Juin	24 sept.	8	6
Grandpré	1215	13 Juin	7 Juillet	10	4
Neuville-Day	893	4 sept.	25 oct.	63	24
Terron	694	23 juin.	24 août.	30	16
Voncq	1100	9 juillet.	29 sept.	91	49

Moyenne des décès = 49 pour 100

Depuis cette époque, nous avons eu deux autres épidémies : celles de 1849 et de 1854. A Vouziers, l'épidémie de 1849 a duré 2 mois 9 jours ; il y eut 26 décès. L'épidémie de 1854 commença le 22 juillet et finit le 7 septembre ; sur une population de 2,806 habitants, il y eut 140 décès par le choléra, soit :

	Cas de choléra.	Décès par le choléra.
Hommes	49	44
Femmes	63	57
Enfants	43	39
	155	140

A propos du choléra, nous retrouvons une fois de plus l'occasion de diviser l'arrondissement en deux parties : le *Vallâge* et la *Craie*. Tandis en effet que le choléra asiatique s'est répandu avec une intensité particulière dans la première partie où prédominent les terrains jurassiques et d'alluvion, jamais, au contraire, on ne l'a vu dans la région occupée par la craie. Il a donc sévi dans la contrée où des terrains humides fournissent pendant l'été une forte évaporation, tandis qu'il est resté inconnu dans le pays desséché de la Champagne. Peut-être aujourd'hui la couche de terre arable qui recouvre les roches crayeuses détruirait-elle l'influence préservatrice du terrain sous-jacent. Les terrains d'alluvion s'imprègnent des déjections cholériformes et deviennent alors, dit M. Desnos (1), un réceptacle d'où se dégage le principe de la maladie, et ce dégagement de principes morbides est favorisé par l'humidité et la chaleur. Grâce au contraire à sa perméabilité extrême, la craie ne donne pas lieu à ces alternatives d'imprégnation et d'exhalaisons. Sur ce terrain, du reste, dans les saisons où règne le choléra, l'eau manque presque partout, et le sol desséché ne peut fournir, sous l'influence de la chaleur, l'évaporation nécessaire à la transmission du fléau. Dans ces moments, au contraire, l'épidémie exerce ses ravages le long de la rivière d'Aisne,

(1) Dict. de Jaccoud.

et de ses affluents, sur ces terrains perméables à l'eau et aux matières organiques, où tout est favorable à la propagation du choléra. C'est ainsi que le choléra de 1849, qui avait commencé par Exermont, Apremont, etc., sévit avec violence à Monthois, qui se trouve sur la frontière de la craie, à Falaise, Savigny, Vouziers, Chestres, Vrizy, Voncq, etc., localités échelonnées le long de l'Aisne. En 1854, l'épidémie suivit à peu près la même marche.

Une démarcation aussi tranchée entre ces deux régions, pendant les épidémies de choléra, prouve encore que cette maladie se transmet bien peu par les vents. Il n'y a du reste pas, dit M. Robin, de fait bien avéré qui prouve que, au delà de 100 mètres de distance du foyer d'infection, l'air ait jamais été un agent de transmission du choléra.

En 1849, la suette s'est montrée concurremment avec le choléra ; presque partout elle l'a précédé, mais, dans quelques villages (Vandy, Vrizy, Condé, etc.), elle a régné seule. On a remarqué à cette époque que les individus atteints par la suette ne l'étaient ordinairement pas par le choléra. La propagation par contagion a été évidente dans cette épidémie. Ainsi à Toges on n'avait encore remarqué aucun cas de choléra, lorsqu'une femme, arrivant de Rethel où régnait la maladie, fut prise le lendemain du choléra et succomba. Il n'y eut d'abord pas d'autre cas. Mais le 3 août, une femme revint de Bouconville où régnait la maladie, et elle avait en quittant ce village une forte cholérine. Le lendemain de son arrivée à Toges, elle succomba à une attaque de choléra, et, à partir de ce moment, la maladie a exercé ses ravages dans la commune. A Monthois, on observa le même mode de

propagation par une femme venant également de Bouconville.

S'il est certain que le choléra peut se transmettre de
cette façon, n'est-il pas bien surprenant de voir dans un
même arrondissement, où les habitants se fréquentent
continuellement, toute une contrée être épargnée dans
trois épidémies successives ? Où trouver la cause principale de ce privilége, si ce n'est dans la constitution du sol
crayeux de la Champagne ?

C. — *Fièvre typhoïde*

La fièvre typhoïde existe à l'état sporadique un peu partout, mais on la voit principalement au printemps et à
l'automne, à la campagne comme à la ville et à tous les
âges.

Il y a eu dans l'arrondissement 3 épidémies de 1838 à
1868, et nos contrées, qui ont été moins éprouvées que
les départements du Nord et du Sud-Est, l'ont été plus
que les départements du Sud-Ouest et des bords de la Mé-
diterranée. Certaines localités y semblent prédisposées :
les deux communes de Grivy et Loizy, par exemple, ont
été visitées en 1846 par une épidémie des plus meurtrières : il mourut environ 9 malades sur 10. A Vandy, en
1847, il mourut 5 individus sur 50 atteints par le fléau.

Au point de vue de l'étiologie, je crois devoir attacher
une grande importance au manque de propreté qui carac-
térise un certain nombre de nos villages, mais j'y ai assez
insisté à l'article Hygiène pour être dispensé d'y revenir
ici.

Quant au typhus, il serait inconnu dans l'arrondissement, s'il n'avait fait son apparition pendant l'invasion de 1870-71.

D. *Fièvres éruptives*.

1° *Variole*. — La variole se montre de temps en temps, mais ce ne sont généralement que des cas isolés et de peu d'importance. Nous avons eu néanmoins plusieurs épidémies. La plus meurtrière et la plus ancienne dont on ait conservé le souvenir est celle de 1770 qui désola toute la Champagne. Pendant l'année qui a précédé le choléra de 1849, la maladie dominante a été la variole ; elle a fait alors de nombreuses victimes, surtout à Voncq et à Vandy.

En 1870, l'apparition de la petite vérole coïncida avec celle du typhus, elle éclata lors du passage de l'armée française et de l'armée prussienne. À Vouziers l'épidémie débuta par un officier français de l'ambulance des sœurs de la Doctrine chrétienne ; elle sévit avec une vigueur extraordinaire, et causa une véritable panique dans certains villages. On ne se souvient pas d'avoir vu avant cette époque la *variole noire* dans l'arrondissement de Vouziers, mais, à ce moment, elle fit de si nombreuses victimes que, dans quelques localités, telles que Quatre-Champs, des familles perdirent presque tous leurs membres. Un des traitements les plus efficaces sembla être la saignée répétée deux ou trois fois dès le début ; aucune des victimes n'avait été revaccinée depuis son enfance. Depuis une trentaine d'années tous les parents font vacciner leurs enfants, et beaucoup de personnes ont pris l'habitude de se faire revacciner. On ne trouve plus guère aujourd'hui comme il y a quelques années des mères qui mettaient sur le

compte du médecin vaccinateur tout ce qui pouvait arriver de malheureux à leurs enfants : chute, fracture de
jambe, croup ou fièvre typhoïde.

A cette époque, les autres parties de l'arrondissement
furent également visitées par l'épidémie. Dans le canton
de Grandpré par exemple Cornay fut décimé par la variole.

2° *Rougeole.* — Nous en voyons des épidémies tous les
deux ou trois ans, principalement au printemps et à l'automne, et presque tous les individus ont eu la rougeole
dans leur enfance. Cette maladie généralement bénigne
fait peu de victimes. Toutefois pendant l'épidémie de 1866,
on l'a vue plusieurs fois se compliquer de faux-croup.

3° *Scarlatine.* — Beaucoup moins fréquente que la rougeole, la scarlatine fait de temps en temps son apparition
par quelques cas isolés. J'en ai vu au commencement de
cette année une épidémie qui n'a fait du reste qu'un petit
nombre de victimes. A part deux ou trois enfants qui sont
morts en quelques heures, les autres malades n'ont généralement inspiré que peu d'inquiétude. Pendant cette
épidémie, le résultat auquel sont arrivés le plus difficilement les médecins, a été de forcer le malade à garder la
chambre alors que l'éruption avait disparu. Grâce à ce
manque de précaution, il m'a été donné de voir deux individus, en apparence guéris, être atteints d'albuminurie
avec congestion pulmonaire, etc., ils n'ont du reste succombé ni l'un ni l'autre.

E. *Angine couenneuse.*

La première épidémie, dont on se souvienne, date de
1866 ; elle commença à Contreuve le 21 septembre, se
prolongea jusqu'en janvier 1867 et reparut en 1868 à Mont-
Saint-Martin. Depuis, on a eu des épidémies en 1872 et
1873 ; tous les ans on voit des cas isolés qui le plus souvent se terminent par la guérison.

F. *Erysipèles gangréneux.*

M. le Dr Noël, qui exerce depuis 18 ans à Machault et
à la bienveillance duquel je dois plus d'un renseignement
intéressant sur la Champagne, m'a dit avoir observé
dans ce pays des épidémies d'*érysipèles des membres* présentant parfois un *caractère gangréneux* et suivis de mort ;
dans ces cas la marche de la maladie a été très-rapide. Il
ne pense pas que l'ergot de seigle ait été pour quelque
chose dans l'étiologie de cette affection ; on mange du
reste aujourd'hui très-peu de pain de seigle.

Je ne ferai que signaler les épidémies de *grippe*, d'*oreil-
lons*, de *coqueluche*, qui, si elles sont très-fréquentes, ne
présentent rien de spécial à la contrée qui nous occupe.

CHAPITRE II.

A. *Fièvres intermittentes*

Dans notre arrondissement, le niveau de l'eau semble baisser de plus en plus : certaines sources qui donnaient naguère beaucoup d'eau, sont à peine visibles aujourd'hui, et des marais ont entièrement disparu : Bourcq (1734), Vandy (1572) etc. Mais il n'en existe pas moins une grande cause d'affections intermittentes, je veux parler des inondations. La rivière d'Aisne, en effet, déborde tous les ans une ou plusieurs fois et, lorsque les eaux baissent, les bas fonds restant submergés deviennent de véritables marais. J'en ai été frappé lorsqu'au mois d'août 1874 j'ai vu plus de trente enfants présentant des accidents intermittents· La plupart habitaient Vouziers, c'est-à-dire qu'ils étaient là en butte à deux causes d'impaludisme : la ville étant située sur les bords de l'Aisne et présentant en même temps, grâce au mauvais entretien de ses rues et de ses rigoles, les conditions les plus favorables à la propagation du miasme. Grâce à leurs foyers multiples de putréfaction, les rues sont une source permanente de maladie, et le danger ne sera écarté que le jour où on modifiera un pareil état de chose.

Une autre cause probable de fièvres intermittentes, c'est le dessèchement du canal, surtout lorsqu'il se fait en été. Ce curage a plus d'une fois ému les populations; celle du Chesne par exemple, lors de l'épidémie de choléra de 1849.

J'ajouterai aussi que le canal de Vouziers est dans plusieurs endroits beaucoup trop élevé, et permet ainsi difficilement l'écoulement des eaux qui se trouvent dans les terrains avoisinants.

Chez les enfants que j'ai vus, la maladie suivait la marche suivante : après deux jours de courbature, de changement de caractère, de malaise, on voyait se montrer des symptômes pouvant faire craindre une fièvre éruptive ; ce n'est qu'ensuite que commençaient les accès franchement réguliers, ordinairement quotidiens. Pour un enfant de 4 ans par ex., dix centigrammes de sulfate de quinine, répétés deux ou trois jours de suite guérissaient sûrement le malade, dont l'affection avait duré six à huit jours.

Une des formes les plus fréquentes sous lesquelles se manifeste l'impaludisme est la névralgie, surtout la névralgie sus-orbitaire. Deux femmes ont eu une hématémèse intermittente ; et j'ai observé un cas de fièvre intermittente guérie par le sulfate de quinine et suivie d'une boulimie intermittente guérie par le même moyen

J'ai pu recueillir les observations de deux cas de fièvre intermittente à *forme hydrophobique*.

Une personne de Vouziers fut prise pendant plusieurs jours d'une *aphasie* complète revenant à la même heure, et guérit par le sulfate de quinine. Depuis cette époque cet homme ainsi que ses enfants et ses petits enfants, ont eu des accidents intermittents, surtout à forme névralgique. Ce malade a été pris d'une *aphasie intermittente* sans avoir jamais rien éprouvé qu'on pût mettre sur le compte de l'impaludisme, et ses accès d'aphasie étaient complètement apyrétiques. C'est là un cas un peu différent de

celui que rapporte le Dr Boisseau du Val-de-Grâce (1).
Il observa chez un soldat une aphasie dans le cours
d'une fièvre intermittente. Mais, comme il le fait remarquer, on savait que ce soldat était en puissance
d'une intoxication palustre, et on ne pouvait, en conséquence, concevoir d'inquiétude pour ce phénomène si
insolite.

Le 16 mai 1862, à 11 heures du soir, un enfant de 11 ans, de
Bourcq, pousse un cri. Ses parents, qui couchaient près de lui,
se lèvent en toute hâte, et le trouvent sans mouvement : la bouche
est déviée et le côté droit immobile. Le matin tout est rentré dans
l'ordre. Le lendemain à la même heure l'enfant pousse un cri, il
est repris de paralysie comme la veille. Le 18, on donne le sulfate de quinine : 2 fois encore les accès revinrent à la même heure
mais avec moins d'intensité, puis disparurent. Pendant quelques
jours l'enfant fut simplement réveillé par des douleurs dans la
tête et dans le côté qui avait été paralysé.

Dans ce cas la paralysie fut le seul symptôme ; comme
dans les cas précédents, il n'y eut jamais de fièvre.

Une forme fréquente est la suivante : tout à coup, au
milieu de la nuit, l'enfant se lève sur son lit, ses yeux sont
brillants, il voit des chiens prêts à le mordre, des soldats
qui le poursuivent. Les personnes qui l'entourent ne peuvent le calmer, et l'accès se termine subitement au bout
d'une demi-heure. Cette peur recommence à la même
heure le lendemain et les jours suivants, jusqu'à l'admi-
nistration du sulfate de quinine.

J'ai pu observer pendant quelque temps, à Condé, des
douleurs intermittentes consécutives à un zona, et à Vrizy

(1) *Gazette hebdomadaire*, 1871.

des douleurs également intermittentes liées à l'existence d'un cancer de l'estomac.

Un des cas qui m'ont le plus intéressé est une *fièvre ortiée intermittente* :

Nous étions en pleine épidémie de scarlatine lorsque, le 10 février 1876, une grosse fille de 13 ans, d'une forte constitution, est prise à 7 heures du soir d'une légère courbature, et d'un mal de gorge épouvantable. A 9 heures l'enfant complétement remise se couche et dort bien ; je ne l'ai pas vue ce jour-là.

11 février. Après une journée très-bonne, l'enfant est reprise, à 7 heures du soir, de mal de gorge, mal de tête, léger frisson suivi de chaleur ; d'un excellent caractère ordinairement, un rien l'énerve et la fait pleurer. A 8 heures 1/2 je la vois : gorge extrêmement rouge, plaques scarlatiniformes sur la poitrine et la partie antérieure des cuisses. Prescription: chlorate de potasse, infusions chaudes.

Le 12. Après mon départ la malade s'est trouvée mieux, la nuit a été bonne, ainsi que la matinée et, l'après-midi. Mais à 7 heures 1|2 du soir, l'enfant est reprise d'un violent mal de gorge avec frisson suivi de chaleur ; les plaques rouges, qui avaient disparu, reparaissent ; à 9 heures comme la veille tout rentre dans le calme et la nuit est bonne.

Le 13. L'état satisfaisant de la nuit continue. Prescription : 10 centigrammes de sulfate de quinine. L'accès arrive un peu plus tard,

Le 14. Continuation du sulfate de quinine, accès moins fort que la veille.

Le 15. La malade a été réveillée par une épistaxis qui a duré 3 heures ; le matin elle a pris 4 gouttes de perchlorure de fer. Ce jour-là l'accès quoique moins fort s'est compliqué d'une vive douleur à la région postérieure du cou.

Le 16. L'enfant prend encore du sulfate de quinine ; l'accès ne reparaît pas mais la douleur persiste.

Depuis, la douleur ayant disparu au bout de quelques jours, la malade a complétement recouvré la santé. Comme je l'ai dit, nous avions à ce moment une épidémie de scarlatine, et cette coïncidence jointe au peu de durée des prodromes, et à la rapidité avec

laquelle s'était étendue l'éruption pouvait bien en imposer pour
une éruption scarlatinateuse. Mais le gonflement des parties, et
surtout l'existence d'un prurit considérable, m'ont fait penser
que j'avais eu affaire là à une fièvre ortiée intermittente.

J'ai cru devoir rapporter ces observations pour montrer quelles formes multiples pouvait, dans notre pays,
revêtir la fièvre intermittente. Mais, si elle atteint beaucoup de personnes, elle fait peu de victimes. Une preuve
d'ailleurs que ces affections intermittentes sont rarement
malignes, c'est qu'on les voit guérir avec des doses très-
faibles de sulfate de quinine : 10 centig. pour un enfant,
20 à 40 pour un adulte ; doses qui suffisent du reste dans
quelques pays, et qui ont réussi par exemple en Bourgogne, entre les mains de M. le professeur Bouchardat (1).

La fièvre intermittente est une maladie qui ne sévit
que dans une partie de l'arrondissement ; ce qui s'explique facilement puisqu'il est une contrée où on manque
d'eau pendant plusieurs mois de l'année, où grâce au sol
l'eau de pluie traverse les couches superficielles, s'écoule
au loin, et laisse un terrain aussi desséché que celui du
Vallage est humide : j'ai désigné la région de la craie, où
on n'observe pas en effet d'affections intermittentes (2).

B. — *Carie dentaire.*

Boudin, dans ses recherches sur les cas de réforme, a
trouvé que pour la période de 1837 à 1849, le départe-

(1) Bouchardat. Manuel de matière médicale. p. 417, V. 2.
(2) Malgré les doses faibles auxquelles on donne le sulfate de
quinine, on en fait cependant une grande consommation. Les
pharmaciens de Vouziers en vendent de 750 à 800 gr. par an.

Guelliot.   7

ment des Ardennes avait eu 1,061 conscrits réformés pour mauvaise denture sur 100 examinés, ce qui donne à notre département le n° 71, en commençant par ceux qui ont eu le moins de réformés pour cette cause. Pour l'arrondissement de Vouziers, les trois périodes sur lesquelles a porté ma statistique nous donnent les moyennes suivantes sur 100 examinés :

1re période	0.639
2e période	0.931
3e période	1.282

Chose extrêmement remarquable en effet, il est presque impossible de trouver dans notre arrondissement une seule bonne denture. Souvent, sous prétexte de voir leur langue, j'ai examiné la bouche de mes compatriotes ; jamais je n'ai vu de belles dents, et, sur ce point, je suis complètement d'accord avec les personnes compétentes auxquelles j'ai fait part de mes impressions. Pourquoi toute une contrée est-elle aussi mal douée de la nature ? Pourquoi chez ces individus, hommes et femmes, généralement d'une bonne constitution, trouve-t-on invariablements de mauvaises dents ?

D'abord, je ne pense pas que, chez nous du moins, la carie dentaire doive être attribuée à l'eau. Les eaux calcaires ont été particulièrement incriminées ; or, il est remarquable que dans la région où les eaux sont fortement chargées de carbonate de chaux, en Champagne, les belles dentures ne sont ni plus rares, ni plus communes que dans le reste de l'arrondissement.

Les boissons chaudes ou alcooliques n'ont, je crois, que bien peu d'importance, car on boit moins d'alcool que dans les pays du Nord, et beaucoup moins de boissons chaudes : café, thé, etc.

Il résulte des expériences de M. Magitot que le *cidre* est nuisible aux dents, grâce à son acide malique. Mais on en fait moins usage dans notre pays que dans les autres arrondissements des Ardennes, moins dans notre département que dans les départements voisins; bien des personnes enfin n'en boivent jamais. Je crois donc ne devoir mettre qu'en seconde ligne le *cidre* et le *vin* (qui est très-acide), pour invoquer une cause qui me semble être la principale : la *race*. C'est aussi la conclusion de M. Magitot : il fait remarquer que si, par exemple, en Normandie, où il y a de très-mauvaises dents, le cidre est la boisson ordinaire, en Bretagne, où on trouve la même boisson, la carie dentaire est très-rare.

Les départements où la carie dentaire est la plus fréquente sont ceux qui ont été envahis par les Kimris. Les autres départements, qui ont été peuplés par les Celtes, ont une denture superbe; chose singulière, ce sont ces individus petits et trapus qui ont les plus belles dents, tandis que les Kimris, grands et forts, ont une denture très-mauvaise. Il est donc probable qu'il existe certaines prédispositions anatomiques grâce auxquelles une race se fait remarquer par ses mauvaises dents, comme d'autres prédispositions font qu'elle reste dolichocéphale ou brachycéphale (1). Or, notre pays est un des pays kimriques les plur purs, on peut donc dire : les habitants de l'arrondissement de Vouziers ont de mauvaises dents principalement parce qu'ils sont d'origine kimrique; et s'il se

(1) Magitot. De la carie dentaire.

trouve quelques rares exceptions, on doit les rapporter
à l'influence d'une autre race, antérieure aux Kimris, ou
aux émigrations qui, de nos jours encore, tendent continuellement à mélanger les individus de races différentes.

C. — *Goître et crétinisme.*

Le goître est une affection rare dans l'arrondissement
de Vouziers (1). Dans le canton de Grandpré où il tend
à disparaître, on en observe encore de temps en temps,
principalement dans les villages de la rive droite de
l'Aire.

En Champagne le goître est peut-être un peu moins
rare ; on y voit aussi quelques cas de maladie de Base-
dow ; le Dr Noël, de Machault, a vu plusieurs malades
mourir après avoir passé par la cachexie exophthalmique.

Il est commun de rencontrer la tuméfaction transitoire
du corps thyroïde chez les jeunes filles arrivées à l'âge de
la puberté.

Le crétinisme est ce qu'il y a de plus rare : un seul
cas dans les trois périodes étudiées à propos des cas de
réformes.

(1) Il n'existe guère que deux villages : Lacroix et Longwé, où
le goître soit endémique. Dans ces deux localités les jeunes filles
portent toutes une hotte pour aller chercher du bois dans la forêt,
J'ai cru devoir rapporter la production du goître aux efforts
qu'elles sont ainsi obligées de faire chaque jour.

CHAPITRE III.

MALADIES SPORADIQUES.

A. — *Choléra sporadique.*

Tous les ans, en été, nous voyons un certain nombre de cas de choléra sporadique, cas du reste plus rares dans la région de la craie que dans l'autre partie de l'arrondissement ; c'est donc dans la même contrée que le choléra épidémique que se montre principalement le *choléra sporadique.*

C'est là une maladie très-commune, mais se terminant toujours bien quand le médecin arrive à temps. Je connais des individus qui, ayant tous les ans une attaque de choléra sporadique, ont d'avance une potion toute prête dont ils se servent dès qu'apparaissent les premiers symptômes. .

A la même époque sévit sur les jeunes enfants le *choléra infantile* ; chaque année les premiers cas sont mortels et quelquefois très-rapidement : c'est ainsi qu'au mois d'août 1875, j'ai vu mourir à Monthois un enfant en quatre heures. Mais dès que les parents sont prévenus, ils appellent le médecin de bonne heure, et les enfants guérissent alors pour la plupart. Cependant, en 1859, il y eut une épidémie très-meurtrière qui enleva, à Vouziers et à Vrizy principalement, un grand nombre d'enfants de moins de un an.

B. — *Affections des organes respiratoires.*

La *pneumonie* et la *bronchite* sont fréquentes, surtout au printemps quand souffle le vent du Nord-Est, fréquentes aussi en été à la suite des refroidissements. Ces deux maladies emportent chaque année bon nombre de vieillards.

La *tuberculose* (il en est de même du reste de la scrofule) est une affection rare chez les individus qui se livrent aux travaux des champs, commune au contraire, comme je l'ai déjà dit, chez ceux qui ont une profession sédentaire et particulièrement chez les vanniers (Chap. Industrie).

Il y a dans l'arrondissement un certain nombre d'alcooliques, et l'alcoolisme a été la cause de nombreux cas de *phthisie pulmonaire acquise*; de temps en temps, on voit des alcooliques devenir phthisiques et transmettre la diathèse à leurs enfants : jusqu'ici rien de surprenant. Mais ce qui est intéressant, c'est que chez tous les lésions siègent à droite, tandis que le poumon gauche reste sain ou ne se prend que beaucoup plus tard. Pourquoi, chez les alcooliques qui deviennent phthisiques par le fait de l'alcool, les tubercules siègent-ils à droite plutôt qu'à gauche? La seule raison que je puisse en donner est celle-ci : ce lieu d'élection tiendrait au volume du poumon droit qui est plus considérable que celui du poumon gauche d'où résulte la plus grande activité du premier (1).

La *phthisie alcoolique* fait aujourd'hui moins de victi-

(1) Je dois cette explication à **M.** Lancereaux professeur agrégé à l'Ecole de médecine.

mes, et cette moins grande fréquence *coïncide* avec une diminution notable dans la consommation de l'absinthe.

C. — *Maladies des yeux.*

La *cataracte*, sans être rare, n'est cependant pas plus fréquente que dans d'autres pays.

Les affections les plus communes sont des *conjonctivites* et des *blépharites*. Elles se montrent principalement au printemps et en été, surtout dans la première de ces deux saisons, lorsque, avec de brusques changements de température, souffle le vent du Nord-Est. Ces maladies, souvent si rebelles, sont plus fréquentes en Champagne qu'ailleurs, et j'ai cru en trouver la cause dans le sol ui-même. Le sol de la Champagne est, en effet, comme je l'ai dit, constitué par de la craie qui forme de vastes plaines blanches. Or, de toutes les lumières réfléchies, la blanche est celle qui est le moins bien supportée par l'œil; il n'est donc pas étonnant qu'en Champagne, la craie, principalement en été, soit cause de nombreuses affections des yeux. N'est-ce pas à une cause semblable, la neige, qu'on a rapporté les nombreux cas de conjonctivite observés pendant la retraite de Russie? Mais il est remarquable que, malgré ce sol blanc, les cataractes soient peut-être moins communes que dans le *Vallage*.

La *myopie* est peu fréquente : 1,85 sur 1000 examinés dans la période de 1850 à 1859.

J'ai eu l'occasion d'observer une maladie qui, pour se rapprocher beaucoup de l'amaurose alcoolique, en diffère cependant par plus d'un point. Elle commence par un seul œil, le droit; dès le commencement le malade voit à

travers un brouillard qui devient de plus en plus épais ;
en même temps existe un scotome central, pendant que
la perception périphérique reste normale au début ; il n'y
a pas de douleurs ; au commencement les malades voient
de temps en temps les objets en jaune, plus tard ils ne con-
fondent jamais les couleurs ; ils voient moins bien quand
le jour baisse ; enfin, la maladie peut se terminer, beaucoup plus vite que l'amaurose alcoolique, par l'atrophie
de la papille. Ces malades présentaient ces deux particu-
larités : 1° ils voyaient moins bien le soir que dans la
journée : 2° ils ne confondaient pas les couleurs. J'ai cru
devoir incriminer ici l'usage immodéré du tabac à fumer,
bien que sur plusieurs points je me trouve en désaccord
avec les auteurs : Wecker, Apostoli, Hutchinson, etc.,
qui ont écrit sur ce sujet. J'ai, du reste, raconté ailleurs
l'histoire complète de mes malades (1) et j'y renvoie le
lecteur pour plus de détails (2). Si j'ai eu l'occasion d'observer dans l'arrondissement de Vouziers des cas d'*a-
maurose nicotinique*, je ne le dois peut-être pas seulement
à la consommation considérable de tabac qui se fait du
reste dans tous les départements du Nord (3) ; mais aussi
à ce que beaucoup de fumeurs ont remplacé le tabac français par le tabac belge. Pour être fixé sur ce point, il me
faudrait de ce tabac une analyse qui me manque aujour-
d'hui.

1) J'ai revu l'un deux, il s'est abstenu de tabac et a presque
complétement recouvré la vue. (Obs. V.)

(2) Guelliot. Amaurose nicotinique. in *Progrè [smédiçal* du
2 juin 1877.

(3) Quantité de tabac vendue dans l'arrondissement de Vouziers en 1876 :

Tabac en poudre.	Tabac en rôles.	Tabac à fumer.	La vente du tabac a rapporté:
11.073 kil.	803 kil.	25.871 kil.	427.423 fr. 80 c.

D. — *Cancer de l'estomac.*

Le *cancer de l'estomac* s'observe fréquemment, et il existe en plus grand nombre dans la région de la craie que dans le Vallage. Je crois que cette fréquence relative du cancer de l'estomac en Champagne peut être rapportée, en partie du moins, à l'eau. Nous avons vu que l'eau de cette contrée loin d'avoir des effets nuisibles, pouvait rendre des services, mais en été, en s'évaporant, elle devient bourbeuse; trop chargée alors de sels calcaires, elle est indigeste, et, bue en abondance pendant les chaleurs, elle doit nécessairement fatiguer l'estomac. Dans ces circonstances, je pense que l'eau peut avoir sa place dans l'étiologie du cancer, à la condition, bien entendu, d'agir sur des estomacs prédisposés.

E. — *Hernies.*

Comme nous l'avons vu à propos des cas de réforme, les hernies sont extrêmement communes dans l'arrondissement de Vouziers. Il est évident que certaines professions y prédisposent : charrons, boulangers, scieurs de long, etc. Mais il doit y avoir une cause générale grâce à laquelle toute une population est sujette aux hernies : je crois qu'ici encore il faut invoquer pour une certaine part une influence de race : la haute stature des Kimris constituant une prédisposition naturelle aux hernies. Dans un rapport à l'Académie des sciences sur la statistique des hernies, Malgaigne avait remarqué, sans pouvoir l'expliquer, que ces infirmités sont plus communes dans les pays où on cultive la vigne ; peut-être est-ce la raison pour laquelle elles sont plus fréquentes dans le Vallage où pousse la vigne, qu'en Champagne où cette culture est inconnue. Je crois, cependant, que la véritable cause c'est que l'habitant du Vallage est d'une constitution générale bien inférieure à celle du Champenois : nous avons vu ailleurs l'explication de cette infériorité ; l'habitant du Vallage représentant un type kimris dégénéré (1).

F. — *Charbon.*

Le charbon, dit M. Guipon, de Laon, ne s'est développé dans les départements du nord que vers la fin du XVIIIe siècle, au point de vue endémo-épidémique. Dans l'arrondissement de Vouziers, il ne s'est même montré qu'au commencement du XIXe siècle, en 1825 ; plus tard encore à Rethel, en 1840. L'intensité de la maladie à peu près égale dans ces deux arrondissements, y est beaucoup plus grande que dans le reste du département ; elle est au contraire presque nulle dans les arrondissements limitrophes : Sainte-Menehould, Reims, etc.

Le sang de rate est beaucoup moins fréquent le long de la rivière d'Aisne qu'en Champagne où les animaux ont une nourriture forte, échauffante, grâce aux prairies artificielles qui, dans cette contrée, remplacent les prairies naturelles. La nourriture, les chaleurs de l'été, l'eau bourbeuse, le sol, sont-ce là les causes de la fréquence du sang de rate dans certains pays ? C'est probable. Quoi qu'il en soit, c'est sur la *Craie* que les maladies char-

(1) Voyez quatrième partie : Statistique du recrutement.

bonneuses attaquent le plus souvent l'homme et les animaux, tandis qu'elles sont plus rares sur les autres points de l'arrondissement où on n'en voit que des cas isolés. (Vouziers, Vrizy, Contreuve, Blaise, etc.)

En 1865, le conseil d'hygiène de l'arrondissement de Vouziers, répondant à l'enquête organisée par le préfet de l'Aisne, dit que la pustule maligne a été observée dans 32 communes, mais surtout dans le canton de Machault (*craie*) où les cas deviennent de plus en plus fréquents ; que, dans ce canton, les maladies charbonneuses chez les animaux sont de plus en plus nombreuses à mesure que s'accroît la culture des prairies artificielles. Le conseil d'hygiène remarque ensuite que le nombre des cas de pustule maligne est ordinairement en rapport avec celui des cas de sang de rate ; au Chesne seulement, un habile vétérinaire, M. Déglaire, a constaté beaucoup plus de maladies charbonneuses chez les animaux, que les médecins n'avaient constaté chez l'homme de pustules malignes. Il n'y a du reste pas d'années où la maladie ne se montre exclusivement chez les animaux.

Bien peu des cas observés dans le pays sont favorables l'origine spontanée du charbon chez l'homme. Dans les localités au contraire, telles que Machault, Leffincourt, Cauroy, etc , où chaque année le sang de rate fait de nombreuses victimes, il a presque toujours été possible de constater que les individus atteints de pustule maligne avaient été exposés au contact d'animaux morts dans ces conditions. Dans le canton d'Attigny, c'est à Sainte-Vaubourg qu'on voit le plus de pustules malignes, et dans ce village règne à peu près endémiquement le sang de rate.

G. — Maladies diverses.

L'*hystérie* est une affection exceptionnelle chez les femmes de l'arrondissement de Vouziers ; la *chlorose* (1) est peut-être un peu moins rare. Les *affections puerpérales* sont très-peu communes : c'est à peine si j'ai entendu parler de deux ou trois femmes mortes à la suite de couches. J'ai vu pour ma part une *phlegmatia albá dolens* chez une femme de 17 ans qui, n'ayant pris aucune précaution, s'était levée presque aussitôt l'accouchement. Les *affections cardiaques*, le *diabète* et l'*albuminurie* dont on voit de temps en temps des exemples, sont des maladies rares ; j'en dirai autant des *calculs vésicaux*. Les *vers intestinaux* existent chez un grand nombre d'enfants, principalement l'*ascaride lombricoïde*.

Le 15 juin 1850, une circulaire ministérielle commandait une enquête sur la rage observée chez l'homme. A cette époque, les Ardennes comptaient au nombre des départements qui n'en avaient pas vu depuis longtemps. Je serais encore à chercher un cas d'*hydrophobie*, s'il ne venait de mourir récemment à l'hôpital de Vouziers un habitant de la ville qui avait été mordu six mois auparavant. La *pellagre* est une maladie inconnue dans notre pays. C'est à peine si j'ai pu trouver la relation d'un cas de Pellagre observé par Landouzy (de Reims) sur un homme de Falaise. Il en est de même de la *morve* dont Philippe, chirurgien en chef de l'Hôtel-Dieu de Reims, a observé un cas sur un individu de Senuc en 1844.

(1) L'âge de la première menstruation est le plus souvent 15 ans.

Le *panaris* est très-fréquent, comme on devait s'y attendre dans une population occupée principalement aux travaux des champs ; il est même si commun dans certaines saisons, qu'il constitue pour ainsi dire de véritables épidémies.

SIXIÈME PARTIE

ORGANISATION MÉDICALE

CHAPITRE PREMIER.

ETABLISSEMENTS HOSPITALIERS.

Il existait au xvie siècle un hôpital à Attigny dont les biens furent réunis à ceux de l'hôpital de Rethel, le 11 février 1695. A la même époque, l'hôpital du Chesne fut réuni à celui de Sedan. Un autre, situé à Semuy, fut étruit par une inondation en 1691.

A Bourcq, il existait une maladrerie fondée à une époque très-reculée, probablement au xiie ou au xiiie siècle ; en 1678, il n'en restait guère que la chapelle de Saint-Ladre, située entre Bourcq et Mars, à la rencontre du chemin qui réunissait ces deux villages et de celui qui conduisait à Vouziers. Grandpré avait aussi une ladrerie à Sainte-Marguerite, en dehors de la ville. Il en existait encore dans d'autres villages : Voncq, Buzancy, etc. La plupart de ces hôpitaux furent fondés lorsque, après le retour des Croisés, la lèpre, qu'ils avaient rapportée d'Orient, s'étendit sur tout le pays. Presque tous disparurent par ordonnance de Louis XIV qui, en 1697, réunit leurs biens à ceux des hôpitaux les plus voisins.

Aujourd'hui, il n'existe dans l'arrondissement qu'un

seul hôpital, celui de Vouziers. Il fut fondé en 1853 ; il n'avait alors que 5 lits, il en a actuellement 30. Son revenu est de 7000 fr. Il existe deux lits, dits *lits Napoléon*, destinés à loger de vieux soldats infirmes et pour lesquels l'hôpital reçoit 495 fr.

Le nombre des malades reçus chaque année va en augmentant, ainsi on a reçu :

	Hommes.	Femmes.
En 1853	0	3
1856	7	6
1860	17	19
1873	44	7
1874	50	7

Cet hôpital est destiné aux habitants de Vouziers, mais on y reçoit les étrangers moyennant la somme de 1 fr. 50 par jour,

Cet établissement situé, comme nous l'avons dit ailleurs, au milieu de la ville, offrait de grands inconvénients, dont le principal était la présence de la salle d'asile dans les mêmes bâtiments. Heureusement, l'hôpital vient d'être transporté en dehors de la ville dans un local séparé, à la fois plus vaste et mieux aéré.

CHAPITRE II.

SERVICE MÉDICAL GRATUIT.

Les communes sont divisées en douze circonscriptions et chacune de celles-ci est attribuée à un médecin. Les communes sont libres de voter ou de ne pas voter des fonds qui sont ensuite envoyés à la caisse centrale du département. Chaque médecin reçoit 200 francs pour soigner les pauvres de sa circonscription et, sur son or- donnance, les médicaments sont délivrés gratuitement par le pharmacien ; de plus, dans quelques communes, les médicaments de première nécessité sont déposés à la mairie ; mais on ne fournit d'aliments ni aux malades ni aux convalescents. Une indemnité est allouée aux sages- femmes pour les accouchements des femmes indigentes portées sur les listes.

Cette organisation est des plus défectueuses ; il serait à désirer que chaque indigent prenne le médecin qu'il lui plaît. En venant le chercher, il apporterait du maire de sa commune une carte qui resterait entre les mains du médecin. A la fin de chaque année celui-ci se ferait payer par le maire, selon un tarif convenu d'avance. De cette façon, les communes seraient intéressées à ne pas mettre sur les listes d'indigents des individus capables de payer eux-mêmes les honoraires d'un médecin, obligé de soigner aujourd'hui toute une circonscription pour la somme dérisoire de 200 francs.

CHAPITRE III.

STATISTIQUE DES MÉDECINS.

Si l'on regarde en arrière on trouve quelques grands noms de médecins dont l'éclat brillera encore longtemps. Qu'il me soit donc permis, avant de parler des vivants, de dire un mot de ceux qui ne sont plus.

Benomont. — Il naquit à Machault le 14 mai 1676 ; il était doyen de l'Académie de chirurgie lorsqu'il mourut le 27 juin 1772. Tout le monde connait son observation d'un enfant qui eut la jambe arrachée au niveau du genou, sans qu'il s'en écoulât une goutte de sang (*Mémoires de l'Académie de chirurgie*, II). Il apporta une modification aux plaques de Lotteri pour la compression de l'artère intercostale (1).

Caqué. — Naquit à Machault, le 9 octobre 1720. Il fut maître en chirurgie de l'Hôtel-Dieu de Reims. Il a laissé plusieurs mémoires inédits : sur l'excision des amygdales, le cancer du sein, les amputations des membres, la hernie étranglée, sur les précautions à prendre pour se servir du lithotome caché et sur l'abus des sutures dans l'opération césarienne. De 1751 à 1776, il opéra de la pierre 170 sujets ; il avait également une grande renommée pour l'opération de la cataracte. Il inventa une érigne, un bistouri coudé et un *spéculum oris* pour l'excision des amygdales (2).

Le Dr Philippe qui écrivit une notice sur Caqué, s'exprime ainsi : « Machault, village privilégié ! que la science te bénisse, car c'est aussi dans cette bourgade que naquit *Simon*, cet accoucheur habile dont la mémoire est si chère à nos mères de familles. »

Corvisart. (3)— Il naquit le 15 février 1775 à Dricourt près de Machault . Lorsqu'en 1785 il fut reçu docteur ré-

(1) Voir au Musée Orfila : 70e série, n° 8 et 9.
(2) Mémoires de l'Académie de chirurgie. T. V. vol. 12 et 13.
(3) Il fut surnommé l'Hippocrate français.

gent de la faculté, il prononça un discours sur : *les agré-
ments de l'étude de la médecine et les désagréments de la
pratique*. Il occupa comme adjoint la chaire d'anatomie
et professa aussi la physiologie, les opérations chirurgi-
cales et les accouchements.

C'est à ce moment que Mme de Necker faillit le nommer
médecin de l'hôpital qu'elle venait de fonder, mais elle
ne voulut plus en entendre parler le jour ou elle apprit
que son protégé refusait obstinément de *porter perruque*.
Il devint alors suppléant de Desbois de Rochefort à la
Charité ; en 1778, il fut nommé médecin de cet hôpital,
en 1797, professeur de médecine pratique au collège de
France. (Il fut médecin de Napoléon Ier).

Il est surtout connu par ses travaux sur les maladies
du cœur (1806). Bouillaud s'exprime ainsi (1) : Dans son
*Essai sur les maladies et les lésions organiques du cœur et
des gros vaisseaux*, Corvisart laissa bien loin derrière lui
tous ceux qui jusque là s'étaient occupés du même sujet.
De cette époque date une ère nouvelle pour les maladiés
du cœur. » En 1808, il fit une traduction de l'ouvrage
d'Avenbrugger : *Inventum novum ex percussione thoracis,
ut signo abstrusos interni pectoris morbos detegendi*.

C'est lui qui, en France, vulgarisa la percussion immé-
diate ; et « il lui eut suffi d'un léger effort intellectuel
pour découvrir l'auscultation, et rendre son nom immor-
tel, honneur qui était réservé à son élève Laennec (2).
Il mourut en 1821.

N'est-il pas bien étonnant de voir naître à Machault

(1) Bouillaud. Traité des maladies du cœur.
(2) Trousseau. Clinique de l'Hôtel-Dieu.

deux chirurgiens et un accoucheur célèbres, et tout près de Machault, le plus illustre de tous, Corvisart. C'est à peine si dans le reste de l'arrondissement on trouve un autre nom à signaler, celui de *Juillet*, chirurgien distingué, qui naquit à Imécourt et mourut en 1708. Il s'occupa principalement de la syphilis et des maladies urinaires : *Anatomes et operandi peritia publicis in scholis primò claruit.*

D'années en années le nombre des médecins diminue ; une des causes de cette diminution c'est que les communications entre les villages deviennent de plus en plus faciles. Au 17e siècle, par exemple, alors qu'il y avait des médecins dans presque tous les villages : Chestres, Vrizy, Loizy, etc., le praticien était confiné dans sa localité, et c'était un véritable voyage que d'aller voir un malade à quelques kilomètres. Aujourd'hui les médecins étendent au loin leur clientèle, grâce aux chemins qu'on perfectionne de jour en jour.

	Docteurs.	Maîtres en chirurgie.	Off. de santé.	Pharmaciens
1815	2	5	21	2
1833	3	1	19	2
1846	6	»	15	4
1877	13	»	4	5

Aujourd'hui les médecins sont répartis de la façon suivante entre les 8 cantons :

	Docteurs.	Off. de santé.
Attigny	3	»
Buzancy	2	1
Le Chesne	1	»
Grandpré	3	2
Machault	1	»

Monthois	»	1
Tourteron	»	»
Vouziers	3	»

Soit 1 médecin pour 3206 habitants ; en 1849, on comptait 1 médecin pour 3011 habitants.

Il y a aujourd'hui 5 pharmaciens : soit un pharmacien pour 10.981 habitants. En 1849, il y avait un pharmacien pour 15,593 habitants.

D. — *Société de prévoyance et de secours mutuels.*

En 1855, il fut fondé une société des médecins et pharmaciens de l'arrondissement de Vouziers. En 1860, elle fut transformée en Société de prévoyance et de secours mutuels des médecins des arrondissements de Rethel et de Vouziers. Peu à peu les médecins des autres parties du département répondirent à l'appel qui leur était fait par leurs confrères de Rethel et de Vouziers et en 1874 la société devint l'*Association des médecins du département des Ardennes.* Presque tous les médecins y adhérèrent, aussi compte-t-elle aujourd'hui 63 membres.

Cette société agrégée à l'association générale des médecins de France a pour but :

De venir au secours des sociétaires que l'âge, les infirmités, la maladie, des malheurs immérités, réduisent à un état de détresse. (Art. 4 des statuts).

Cette association a encore un grand avantage, c'est de rapprocher des confrères éloignés les uns des autres, et d'être le point de départ de relations agréables et d'excellents rapports confraternels.

CONCLUSION.

Je termine ici ce que j'avais à dire sur l'arrondissement de Vouziers. On voit dans ce pays une population sujette à un certain nombre de maladies que j'ai rapportées à une influence de *race*. La *race* m'a semblé également avoir une grande importance sur la *taille* des conscrits.

J'ai divisé l'arrondissement en deux zones : la *Craie* et le *Vallage*, n'attachant qu'une importance secondaire à chaque terrain en particulier. C'est la différence complète dans la constitution du sol de ces deux contrées qui m'a semblé devoir expliquer le contraste frappant qu'offrent les habitants au point de vue du caractère, des coutumes, etc., et même de certaines maladies, des cas de réforme, de la taille.

En un mot si la *race* influe sur tous les habitants de l'arrondissement de Vouziers, ils diffèrent cependant les uns des autres sur plus d'un point et c'est dans le *sol* surtout que j'ai cru trouver la raison de cette différence.

Je sais parfaitement que mon travail est incomplet, que bien des faits sont restés inexpliqués et qu'il est facile d'y trouver de nombreuses lacunes que je pourrai, j'espère, combler un jour. Mais je serais heureux si j'avais pu donner de mon pays une idée si faible qu'elle fût.

BIBLIOGRAPHIE

HIPPOCRATE. OEuvres choisies. Trad. Daremberg. Paris 1855. in-8°

BOUDIN. Traité de géographie et de statistique médicales.

Géologie et hydrographie.

SAUVAGE et BUVIGNIER. Statistique minéralogique et géologique des Ardennes, 1842.

MEUGY et NIVOIT. Statistique agronomique de l'arrondissement de Vouziers. Charleville, 1873, in-8°.

CAILLETET. Hydrologie du département des Ardennes *in* Rapport sur les travaux du Conseil central d'hygiène. Mézières, 1869. in-8°

Physiologie et hygiène.

MASSON. Annales ardennaises, 1861, in-8°.

BROCA. Bulletins et Mémoires de la Société d'anthropologie.

Annales d'hygiène.

Rapports sur les travaux du Conseil central et des Conseils d'arrondissement d'hygiène publique et de salubrité du département des Ardennes, 1869.

NIVOIT. Notions élémentaires sur l'industrie dans le département des Ardennes. Charleville, 1869. in-12.

État civil.

Annuaires du Bureau des longitudes.

Statistique générale de la France.

BLOCK Statistique de France.

BERTILLON. Démographie figurée de la France.

BOUDIN. Ann. d'hygiène, 2ᵉ série V. 3, 9, 21.

Pathologie.

OZANAM. — Histoire des épidémies. V. 3. Dysentérie.

CHOMEL. Dictionnaire en 30 Art. Dysenterie.

Max-Boullet. Ann. d'hygiène. V. 19, p. 207. Causes d'une épi-
démie de dysentérie.
Moniteur de 1792. passim. (dysentérie).
Campagne de 1792, par un officier prussien. Trad. an III.
in-8.
Braibant. Le choléra à Voncq en 1854. Vouziers 1855. in-8.
Boubée. *Gazette médicale*, 23 juillet 1823. Marche géologique du
choléra.
Mémoires de l'Académie de médecine. V. 3, 14, 21, 26, 28.
Rapports sur les épidémies.
Magitot. Traité de la carie dentaire. Paris 1867. in-8.
Guipon. De la maladie charbonneuse de l'homme. Paris, 1867.
in-8.
Malgaigne. *Gazette médicale*, 1839. Statistique des hernies.
Malgaigne. Ann. d'hygiène, V. 24. Recherches sur la fréquence
des hernies.
Landouzy. *Archives gén. de médecine.* Mémoire sur la pellagre
sporadique. Obs. VI.
Philippe. Observation d'un cas de morve aiguë chez l'homme,
Reims, 1844. in-8.

Histoire.

Baugier. Mémoires historiques de la province de Champagne.
Châlons, 1721. 2 in-12.
Hubert. Géographie historique des Ardennes. Charleville, 1855
in-12
E. de Montagnac. Les Ardennes illustrées. Paris, 1868. 2 in fol.
Pale. Notice historique et statistique sur la ville de Vouziers.
Vouziers, 1837. in-8.
Hulot. Attigny avec ses dépendances, ses palais, ses conciles,
in-8, 1826.
Miroy. Chronique de la ville et des contes de Grandpré. Vouziers
1840. in-8.
Bouillot. Biographie ardennaise. Paris, 1830. 2 in-8.
Leroux. Discours prononcé sur le cercueil de M. Corvisart, le
21 septembre 1821. Paris 1821, in-4.
Pariset. Eloge du baron Corvisart. in Histoire des membres de
l'Académie de médecine. T. I, p. 93.

H. Cloquet. Notice sur Corvisart. In *Journal de médecine, de chirurgie et de pharmacie*, 1821, T. 12, p. 92.

Ferrus. Notice historique sur Corvisart. Paris, 1821.

Philippe. Notice historique sur Caqué. Reims, 1842, in-8.

A. Louis. Eloge de Benomont.

De Vaux). Index funereus chirurgorum parisiensium. Paris, in-8, p. 89.

Annuaires des Ardennes.

Union médicale de 1849.

Compte-rendu de la Société de prévoyance et de secours mutuels des médecins du département des Ardennes.

Almanach des Ardennes de 1791.

Archives nationales. S. 4282.

TABLEAUX.

Paris. — A. PARENT. imprimeur de la Faculté de Médecine, rue M.-le-Prince, 29-31.

9 782019 577667